京阪 1800

-車両アルバム.40-

　新開発の技術をふんだんに盛り込んで、鉄道技術界の注目を集めて昭和28年に誕生
したのが1800型(初代)。1700型特急車に続く特急車とである。

　車体外観は1700型のスタイルをそのまま継承しているが、軽量化・不燃化のため
に全金属製となった。乗客の視点からは明るいピンク色となった内装が斬新で、観光
特急としての雰囲気を醸し出していた。

　最大の特徴は営団300型と共に、日本初の高性能電車のルーツとして誕生したこと
である。まだ開発途上の種々の機器を積極的に採用、試作的な車両でもあったが、翌
年10両を増備した。なお3両は当初からロングシートである。さらに旅客誘致のため
当時開始されたテレビ放送を走行中の電車内で視聴するテレビカーが誕生し、その後
車体を1m延長した1810型に発展する。

　1800・1810型は昭和30年代の京阪特急テレビカーとして活躍したが、昭和38年、
淀屋橋延長開業時に誕生した特急車1900系の誕生に伴い、1810型は大半が1900系に
編入改番される。一方、車体の短い1800型は急行格下げがはじまり、昭和40年代に
は3扉化され、一般車の一員となって、昭和58年の電車線電圧1500V昇圧に伴い、廃
車されたが、機器は600系改造の新1800系に活用されている。

1800系5連上り特急。五條付近　昭和35/1960-9-19　高橋　弘

京阪1800　目次

表　紙　1808。片町付近　昭和34/1959-10-26　中谷一志
裏表紙　1802　寝屋川車庫　所蔵：京阪電気鉄道

日本版PCC車の意気込みで誕生した1800型。日本の高性能車の先駆けである。1802-1801+1759-1709。
四條〜五條　昭和28/1953-9-12　所蔵：京阪電気鉄道

試作車登場

1802車内。内装は薄いピンク色の壁面にアイボリーの天井・蛍光灯照明と近代的なイメージに一新された。荷棚はパイプ式となって、1700型で
設けられていたブラケット灯はなくなった。1700型と違ってロングシート部に吊り手は設けられていない。生地健三

1801。車体スタイルは1700型を踏襲するが、砲弾型の前照灯を採用した。床面高さはレール面から1240mmで変更ないが、台枠+床材の厚みは1700型の200mm(+外板下がり8mm)に対して186mm(+外板下がり8mm)と14mm薄く、ウインドウシル幅も若干細い。写真：朝倉圀臣コレクション

KS-6A台車(1801)。駆動装置は中空軸平行カルダン式。
所蔵：京阪電気鉄道

FS302台車(1802)。駆動装置はWN駆動式で、2両で異なる駆動方式を比較した。所蔵：京阪電気鉄道

1801。守口車庫　生地健三

1802。守口車庫　昭和28/1953-10-13　井上文雄

7

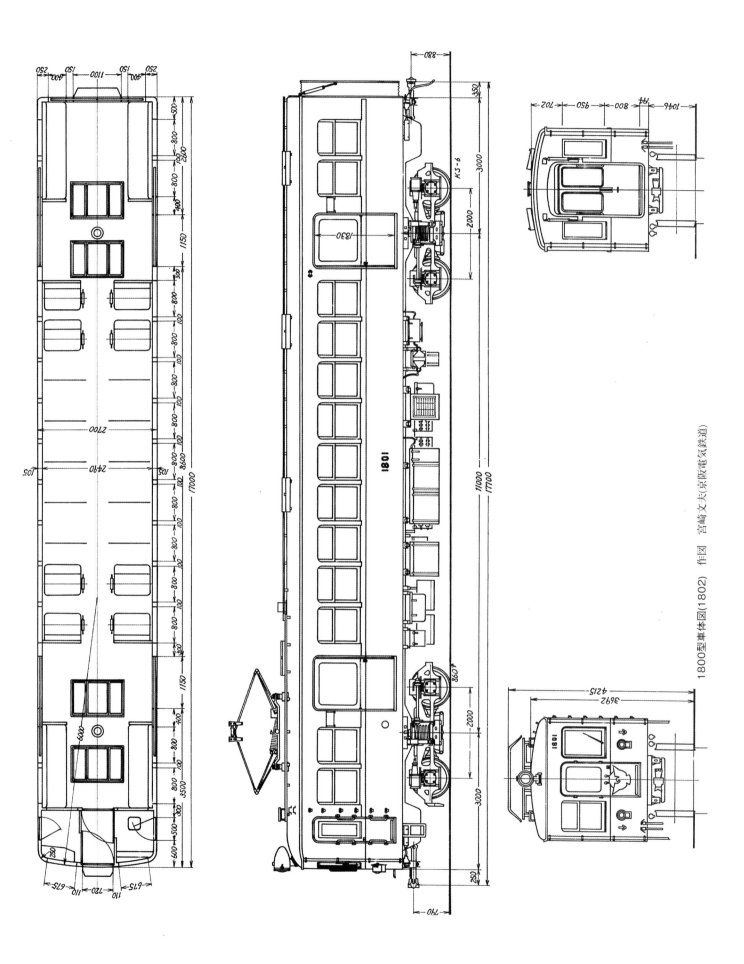

1800型車体図(1802) 作図 宮崎文夫(京阪電気鉄道)

1800系では運転室は全室式となった。所蔵：京阪電気鉄道

貫通口部は1700型と同様の広幅(1802)。
写真：朝倉圀臣コレクション

貫通口には両開扉を設置(1802)。生地健三

1802-1801+1759-1709。1800系試作車2両は当初、1700型ラストの1709編成と組成して運用されることが多かった。五條〜七條　高橋　弘

1802の妻面にはラジオ用ループアンテナが設けられ、ラジオ放送を受信することができる。昭和29/1954-4-21　奥野利夫

1800系量産車は昭和29年7月にMc-Tc固定編成(1803-1881・1805-1882・1807-1883)と増結用(1804・1806・1808・1809)が製造された。奇数Mcは京都向き、偶数Mcは大阪向きで、固定編成は1700型同様に連結面は切妻・広幅貫通口(両開戸付)、増結車は京都向きで連結面が丸妻・狭幅貫通口である。また1803・1881・1804はロングシート車で急行用としての位置付けであった。1805～1809の台車はKS-10。1808(増結用)。
所蔵：レイルロード

量産車登場

1806(増結用)。連結面は丸妻で貫通口の引き戸は少し奥まった位置にある。守口車庫　昭和30/1955-12-22　山口益生

1882(クロスシート車)。制御車は3両ともナニワ工機製。1804と制御車の台車はFS304。守口車庫　昭和29/1954-5-25　奥野利夫

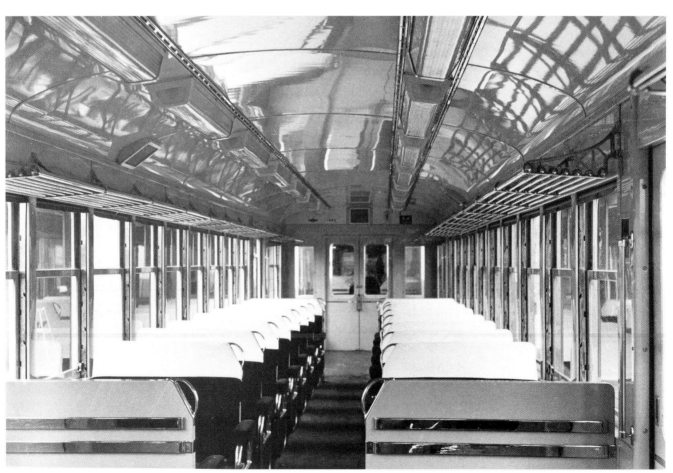

クロスシート車車内(1882)。Mc-Tc固定編成の貫通口には両開扉を設置。昭和29/1954-8-4　奥野利夫

1806+1804。1804の台車はFS304。
守口車庫　昭和29/1954-4-21　奥野利夫

1805。三條　昭和29/1954-4-11　山本定佑

1809。増結用4両中では唯一の京都向き車両。所蔵：京阪電気鉄道

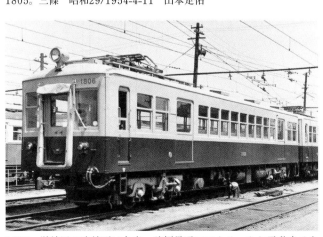

1806。増結用で連結面は丸妻・狭幅貫通口である。なお電動車は全車川崎車輌製である。守口車庫　昭和29/1954-4-21　奥野利夫

増結用1809の連結面。貫通口は狭幅で引戸付。奥野利夫

1808+1883-1807クロスシー車。守口車庫　所蔵：京阪電気鉄道

1803-1881+1804(ロングシート車)。1803は日本初のシンドラー式台車KS-9付。守口車庫　昭和30/1955-12-22　山口益生

1803-1881+1804。この3両のみ急行用のロングシート車で製造された。貫通口扉の窓は京阪で初めてHゴム支持を採用した。ロングシート車であることの識別の意味も持たせているようである。枚方市〜御殿山　奥野利夫

ロングシート車

1881ロングシート車車内。貫通口の両開戸窓もHゴム支持となっている。当初吊り手はなく、荷棚の前に握り棒を取り付け。なお昭和30年11月にこのロングシート車を使用して車内に自転車を積載した貸切電車(特急に増結)を運転した。昭和29/1954-8-4　奥野利夫

1804。鳩マークの裏には車番が記入されている。守口車庫　昭和29/1954-8-4　奥野利夫

1804。ロングシートの増結車。連結面は丸妻。
守口車庫　昭和29/1954-8-4　奥野利夫

仕切り扉の窓もHゴム支持となっている(1804)。
昭和29/1954-8-4　奥野利夫

運転室(1804)。昭和29/1954-8-4　奥野利夫

1881+1803。ロングシート車で、貫通扉の窓はHゴム支持。守口車庫　昭和29/1954-5-25　奥野利夫

仕切部(1881)。1880形には近い将来テレビが取り付け可能な場所を設けていた。所蔵：京阪電気鉄道

1883(クロスシート車)。固定編成の貫通口には両開扉を設置。
昭和29/1954-11-11　山口益生

1881-1803。1881の妻面には試作1802と同様にラジオ受信用のループアンテナが設けられている。
守口車庫　昭和29/1954-5-25　奥野利夫

1805の床下機器。床下内側寄に主抵抗器を取付。
昭和29/1954-11-11　山口益生

放送装置は先の1801・1802とともにマイク放送の他、テープレコーダー・ラジオも放送する設備を備えている。所蔵：京阪電気鉄道

車内放送の固定式マイク。所蔵：京阪電気鉄道

1807-1883+1806+1808。天満橋〜野田橋　昭和29/1954-6-20　中谷一志

1805。淀　奥野利夫

1808+1806+1883-1807。野田橋〜天満橋　昭和29/1954-6-20　中谷一志

1808+1806+1883-1807。天満橋〜野田橋　昭和29/1954-6-20　中谷一志

1804。ロングシート車。淀～八幡町　昭和31/1956-9-2　奥野利夫

1803。ロングシート車だが特急に運用されることも多かった八幡町～淀　奥野利夫

1805。2両目のTcの屋根にはテレビアンテナの試験用の取り付け台が付いているように見える。八幡町付近　奥野利夫

1883+1807。この時期はテレビ受像機を取り付けた直後だが屋根にアンテナは未取付のようである。四條　昭和29/1954-7-16　奥野利夫

屋根にテストのアンテナ台座付きの1882。所蔵：京阪電気鉄道

テレビカー誕生

テレビカー実現のために調査を開始したのは、テレビ放送が開始された昭和28年で、12月に受像機を購入し、ほかに必要な特殊アンテナなどはNHKやメーカーから借り、調整や改造を繰り返した。
所蔵：京阪電気鉄道

所蔵：京阪電気鉄道

アンテナを送信設備のある生駒山に常に向ける必要から、アンテナを回転させて向きを変えられるように、ロープで回転させる装置を試験製作した。車両は1802と思われる。
所蔵：京阪電気鉄道(4点とも)

昭和29年4月に新製車1806の試乗招待客に積み込んだテレビを公開した。1806はパンタグラフを降ろしていて、縦に伸びるアンテナ状のものは用途不明。先頭の車両も大阪向き増結車で、手前にアンテナのつく車両は1880型でアンテナを回転させる装置を取り付け(12ページ下写真と同じ)。
天満橋　昭和29/1954-4-8　所蔵：朝日新聞フォトアーカイブ

17インチの白黒テレビ受像機。所蔵：京阪電気鉄道

テレビ受像機(1883)。所蔵：京阪電気鉄道

「テレビカーの思い出」 日垣久次郎(車両課電気係) 昭和35年の社内誌より転載

昭和28年、NHKのTV放送が実験電波を出し、各メーカーの製品が市販され始めた頃で、TVの稀少価値も高く、これに着目した上層部の指令は万難を排して努力せよとの事で、市販の早川電気製17吋TV受像機1台を同年の暮に支給され、直ちに車両に乗せてぶっつけ本番という次第になった。幸いにNHK並に早川電機の協力を得られ、最初は一応受像機の方は専門家にまかせ、われわれが手がけたのはアンテナの種々の試験であった。最初の試験はアンテナを車体と同方向に屋根に固定し、守口～天満橋を走らせた。一体どうなるのかと疑心暗鬼で守口を出発、A線の土居から野江までは同期もよく、思ったよりもよかったので、何とかしたら営業に載せられるものが出来るのではないかと、淡い希望を抱いた。今後の方針を立てるため、全線でどの程度のものか知っておく必要があるので、第2回目はすぐに全線を試験することになった。地図を調べ、枚方・三條にて一々屋根に上がってアンテナの向きを変えた。この試験では映像の同期が飛んで、全く乱視製

造機の様な感じを受けた。以上2回の試運転により、アンテナは回転式にして常に生駒山の方へ向けなければ問題にならないので、手動式の回転装置を製作した。これは下より2本のロープで上部のアンテナを回転させるようにした。このころの放送局は故障告知も遅く、試運転中同期が崩れるので、すこしでも良くしようと回転板にしがみついて、右へ、左へ廻していると、しばらくして「ただいま故障中」のパターンが出て、腹がたつやら、やれやれと安心するやら、今から思えば愉快な思い出として残っている。愈々試験も進み、TVカーの出現が目前に迫った29年7月、NHKの好意により、RCA製TV受像機の参考試験を全線に亘って行った。アンテナはフィーダーにて即製した簡単なものを車内網棚間に吊り固定した。同期は安定し今までの種々の苦労をアンテナの改良に費やしたのが何の価値もないように思われ、その当時のわが国のTV技術の遅れていることをしみじみと味わされたものである。

テレビ受信試験中の1882車内。
所蔵：京阪電気鉄道

昭和29年6月末にテレビの取り付け工事を完了した1882・1883の2両は7月10日より、暫定的に昼間と夕方に放送を開始した。同時に2両の幕板部に蛍光塗料でテレビカーと標記している(1883)。羽村　宏(所蔵：湯口　徹)

テレビ受像機(1883)。所蔵：京阪電気鉄道

テレビ受像機収納状況(1883)。所蔵：京阪電気鉄道

テレビカーとなった1883。側面幕板にテレビカーの標記はないように見える。通風器の左右にはカバー状のものが設けられている。テレビカーとなったのは1882・1883の2両のTcで、昭和29年9月3日から本格的にテレビカーとしての使用を開始した。所蔵：京阪電気鉄道

アンテナの回転角度を電気的に指令するセルシンという装置(1883)。横のハンドルで針を回して、記載された走行区間にアンテナの方向を変えるとアンテナが最も受信感度のよい方向に向く。可搬式で車掌が車掌室にセットする。所蔵：京阪電気鉄道

可動式アンテナ(1883)。下は回転装置。昭和29年8月末ごろからこの回転装置を使用して向きを遠隔操作するようになり、昭和29年9月3日から運用を開始。アンテナ自体は一般市販品(八木製)で3素子の簡単なものである。所蔵：京阪電気鉄道

1883。テレビカーとして運用開始後2ヶ月程度の頃。修理中なのか、テレビアンテナを外し、回転装置のみ付いた姿。
四條　昭和29/1954-10-31　山本定佑

テレビカーとなった1883の車内。所蔵：京阪電気鉄道

テレビカー 1882-1805+1808+1809。四條～五條　昭和30/1955-4-7　山本定佑

テレビカー 1883-1807+1809。天満橋　昭和31/1956-6-3　山口益生

1700型の前に1800型を増結。五條　昭和31/1956-1-21　髙橋　弘

連絡特急まいこ号(1808)。湖水浴シーズンに近江舞子に向かう専用バスに連絡する。三條　昭和30/1955-7　羽村　宏(所蔵：沖中忠順)

1883-1807。守口車庫 所蔵：京阪電気鉄道

1804(ロングシート車)。Mc・Tc共、昭和30年8月〜10月、試験的に車体支持を側受式としてFS304台車を改造。守口車庫　昭和32/1957-4-8　篠原　丞

臨時特急1808と特急1804。三條　昭和32/1957-4-14　湯口　徹

1809他特急。三條
昭和32/1957-11-25
湯口　徹

夜の四條。1883-1807。
沖中忠順

1808+1751-1701。天満橋～片町　昭和31/1956-11-7　吉岡照雄

三條駅停車中の1807。この線路は京津線と繋がっている。立島輝雄

急行用として製造されたロングシート車にテレビは設置されなかったが、1810型登場までは特急での使用が多かった。1804+1881-1803。関目　昭和30/1955-5-4　奥野利夫

乗り入れの奈良電1000型と離合する1806+1802-1801。丹波橋　昭和33/1958-10　沖中忠順

1800型の増備は、昭和31年には車体を1m延長した18m級車の1810型に移行した。この頃は1700・1800・1810型は混結して運用されている。
1814他1810型+1800型の5連。森小路〜関目　昭和36/1961-4-11　篠原　丞

1810型登場

1806他1800型3連に1810型両運車を増結。
野江　昭和37/1962-6-10　中井良彦

1883-1807+1815(1810型両運車)。東福寺〜鳥羽街道　昭和35/1960-10-4　沖中忠順

1808。2両目は1810型のT車。七條　昭和35/1960-8-1　沖中忠順

1808。2両目は1810型のT車。四條　昭和34/1959-2-27　沖中忠順

1802-1887-1801。古川橋　昭和33/1958-9-7　鹿島雅美

1887(1801-1802中間用)。昭和32年8月に製造された1810型1887は18m級車体であるが、試作車で17m級MM編成の1801-1802の中間への組み込み用として当初から広幅の貫通口で製造された。他の1810型用T車と異なりCP(DH-25)・MGを取付、テレビカーである。台車は1810型テレビカー1885が昭和32年3月に空気バネ試作台車KS-50に台車振替した際に発生した金属バネ台車FS310を転用している。守口車庫　昭和36/1961-3-17　奥野利夫

試作車3連化

1887の妻面。1801と1802に合わせた広幅の貫通口となっている。所蔵：京阪電気鉄道

1802-1887-1801。守口車庫　昭和36/1961-3-17　奥野利夫

1801。守口車庫　昭和36/1961-3-17　奥野利夫

1800型増結車の間にテレビ
カー1884を挟んだ3連。
昭和34/1959-2-1　奥野利夫

1801-1802は3連化後も一時的に2両ユニットに戻ることもあった。この試作車はMM編成だが余力が少なく、専用中間車として作った1887は車庫で留置されることも多かった。後部は1810型の5連。野江　昭和36/1961-3　沖中忠順

1809と1884との連結部。
三條　昭和34/1959-4-17　沖中忠順

1808他。東福寺～七条　昭和35/1960-8-1　沖中忠順

1882は昭和33年12月にテレビを撤去し、1810型新車1891に転用している。京橋～野江　昭和34/1959-6-23　沖中忠順

1806(増結用)+1884+1808+1809。1800型増結用3両に1810型T車1884を挟んだ4連急行。

1884(テレビカー)。

1808(増結用)。

1809(増結用)。1810型T車の1884は空気ばね台車で新製の1892との差し替えにより、1809-1884-1808の基本編成を組むようになった。

四條　昭和35/1960-8-23　沖中忠順

1800型+1810型の4連。
昭和34/1959-2-1　奥野利夫

1808+1882-1805。土居　昭和31/1956-6-8　奥野利夫

1883-1807+1809+1802-1801。
滝井　昭和31/1956-4-13　奥野利夫

1808他特急。五條付近　昭和32/1957-4-14　湯口　徹

1809を先頭にした特急が天満橋を発車する。昭和35/1960-5-4　山本淳一

昭和31年3月のダイヤ改正では特急のスピードアップと一部5連運転が開始され、両終端駅では多様な増解結が行われるようになった。三條で基本編成の到着を待つ1809増結車。増結用4両中では唯一の京都向き車両。

増結運用と補助椅子

本頁・次頁　三條　昭和33/1958-8-20　沖中忠順

すでに乗客が乗って、到着車を待つ。エンジ色モケットの専用パイプ式の補助いすが積み込まれているのが見える。初代3000系の3次車から車両に折り畳み式補助椅子が装備されるが、それまではこのように積み込んでいた。「座っていける京阪特急」のキャッチフレーズで1700型登場当初から積み込みを開始。当初はそれほど多くなく、クロスシート背面に各3脚ずつまで載せるが、載せる列車・車両・数量は運転助役の采配であり、積み降ろし作業も駅員の仕事であった(なおラッシュ時には載せない)。椅子の積み降ろしは三条と天満橋(のちに淀屋橋)で、連結両数の増加とともに増え、昭和32年当時では5両編成の特急5列車に、1車に20脚、5連では1列車に最大100脚を3名の駅員が積み降ろしするという重労働となっていたので専用の運搬台車を用意した。座席の転換・清掃も含め2〜3分という短時間で作業していた。6連時代では総数650脚ぐらいがあったが、毎日の出し入れで破損も多く、毎月10脚程度は修理している。

貫通口からパイプ式補助椅子が見えるがまだ畳まれた状態である。この当時の特急は七條～京橋間ノンストップだったので、補助椅子は途中の乗降がなかったので出来たサービスである。平成4年1月から中書島に停車するのを皮切りにして、停車駅が増えてゆく。

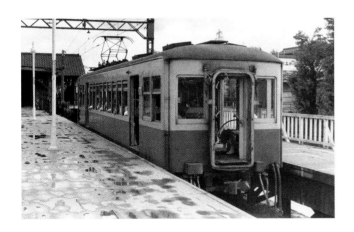

特急の1700形が到着、1809との増結作業が行われる。

1809他6連。京橋
昭和35/1960-3　沖中忠順

1808他5連臨時急行。貫通扉に特急
標識はついていない。淀〜八幡町
昭和35/1960-1-3　沖中忠順

1802-1887-1801+1810系の臨時急行5連。香里園〜豊野　昭和36/1961-1-2　沖中忠順

1804(ロングシート)他3連。ロングシート車3両は1810・1650型の登場後、特急運用から原則外された。橋本～八幡町
昭和35/1960-1-3　湯口　徹

1808+1885(試作空気ばね台車KS50・テレビカー)+1809。
野江　昭和34/1959-3-2
沖中忠順

1802。パンタグラフを下げているのでT代用と思われる。五條～七條　昭和35/1960-3　沖中忠順

1806。京橋〜野江　昭和37/1962-6-10　中井良彦

一時的に2両ユニットに戻った
1801-1802他5連。
京橋〜野江　昭和37/1962-6-10
中井良彦

1805。城東貨物線を行く貨物列車と交差する。京橋〜野江　昭和37/1962-6-10　中井良彦

1806。淀屋橋延長に伴う地下線乗り入れ準備で窓に保護棒の取り付けが始まった頃。香里園〜豊野　昭和36/1961-1-2　沖中忠順

1804。中書島　昭和36/1961-7-31　阿部一紀

1806。中書島　昭和36/1961-7-31　阿部一紀

1805×2+1900系。昭和38年4月、淀屋橋延長と同時に1900系が登場。1805は昭和37年11月に制御回路の100V化を実施して1900系との併結を可能としたが、昭和38年5月に急行格下げとなり、ロングシート化・吊り手の取り付けを実施。その当時の姿で、繁忙期に特急に使用されることもあり、塗装は全車特急色のままであった。ただ昭和37年11月の改造時に屋根ビニール張り替えの記録があり、この時に屋根は前頭部を除き灰色に変更されたものと推定される。なお京橋駅の高架駅への移転は昭和44年11月30日である。京橋　昭和38/1963-7-15　奥野利夫

急行格下げの開始

1807は昭和38年1月に急行格下げロングシート・制御回路の100V化(塗装は特急色のまま)。裏鳩は付いていない。昭和41年3月に濃淡グリーン化。淀屋橋　昭和40/1965-1　今井啓輔

先頭の1804(増結車で当初からロングシート)は、昭和37年8月に制御回路の100V化を実施して1900系との併結を可能とした。その後、昭和38年2月に急行格下げ(吊り手取付)した当時の姿。2200系が登場し、臨時特急に同系が使用されることになったため、1800系は臨時を含めた特急の座から完全に降りることになる。昭和41年12月に濃淡グリーン化され、さらに同年9月に3扉化された。守口～土居　昭和40/1965-7-25　今井啓輔

1802。昭和40年2月に正面窓アルミサッシ(ガラス強化)・貫通扉窓Hゴム支持化・屋根昇降段移設。土居　昭和40/1965-12-27　阿部一紀

1801。京都向きで台車KS-6。昭和37年7月に屋根通風器交換(角にR付)、昭和38年5月に急行格下げロングシート化、昭和40年5月に正面窓アルミサッシ(ガラス強化)・貫通扉窓Hゴム支持化・屋根昇降段移設。特急色時代。土居　昭和40/1965-12-27　阿部一紀

1802。大阪向きで台車FS302。昭和37年7月に屋根通風器交換(角にR付)、昭和38年5月に急行格下げロングシート化。特急色時代。守口車庫
所蔵：京阪電気鉄道

1803。当初からロングシート。昭和37年12月に急行格下げ(吊り手取付)。守口車庫　昭和35/1960-12　沖中忠順

1804。大阪向き増結車で台車FS304。当初からロングシート。四條　昭和37/1962年　奥野利夫

1804。昭和38年3月に急行格下げ(吊り手取付)。昭和40年8月に正面窓アルミサッシ(ガラス強化)・貫通扉窓Hゴム支持化・屋根昇降段移設。
七条～五条　昭和40/1965年頃　奥野利夫

1807。京都向きで台車KS-10。昭和38年2月に急行格下げロングシート化。
萱島車庫　昭和39/1964-5-13　藤本哲男

1805。京都向きで台車KS-10。(右は1882)。七条〜五条　昭和40/1965年頃　奥野利夫

1805。昭和38年5月に急行格下げロングシート化。昭和40年11月に正面窓アルミサッシ(ガラス強化)・貫通扉窓Hゴム支持化・屋根昇降段移設。
土居　昭和40/1965-12-27　阿部一紀

1808。大阪向き増結車で台車KS-10。昭和38年3月に急行格下げロングシート化。特急色時代。土居　昭和40/1965-12-27　阿部一紀

1881。大阪向きで当初からロングシート。関目　昭和35/1960-12　沖中忠順

1881。大阪向きで当初からロングシート。昭和37年5月に屋根をイボ付きビニール張りに、同年12月に急行格下げ(吊り手取付)。妻面のループアンテナが撤去されている。昭和38/1963年頃　奥野利夫

1881。昭和40年12月に正面窓アルミサッシ(ガラス強化)・貫通扉窓Hゴム支持化・屋根昇降段移設(右は1804)。
七条～五条　昭和40/1965年頃　奥野利夫

1882。大阪向き。クロスシート時代。昭和33年12月にテレビを撤去。妻面のループアンテナも撤去されている。
七條～五條　昭和37/1962年　奥野利夫

1882。昭和38年5月に急行格下げロングシート化。萱島車庫　昭和39/1964-5-13　藤本哲男

1882。昭和38年5月に急行格下げロングシート化。昭和40年11月に正面窓アルミサッシ(ガラス強化)・貫通扉窓Hゴム支持化・屋根昇降段移設(のち昭和41年12月に濃淡グリーン化)。土居　昭和40/1965-12-27　阿部一紀

1883。大阪向きテレビカー。クロスシート時代。守口車庫　昭和33/1958-12-13　沖中忠順

1806+1758+1852(Ⅰ)+1708。1806は大阪向き増結車で台車KS-10。昭和38年4月に急行格下げロングシート化。1708-1758は昭和32年のロングシート化時に濃淡グリーンとなるが、昭和38年に一旦特急色に戻ったので、この時点では4両とも特急色である。昭和40/1965-3-7　阿部一紀

1852(Ⅰ)。1810型1884と1887は空気バネ化台車化されず、1900系に編入改造を受けずに1800型と組成していたが、昭和38年に2扉のまま急行格下げロングシート化、1850形1851(Ⅰ)・1852(Ⅰ)に改番された。この時点では車端の旧テレビ調整室は残されていた。昭和41年に3扉化し電装・改番されるのでこの姿は短い。1852は写真のように1700型の中間に組成した2M2Tの4連を組んだ。昭和40/1965-3-7　阿部一紀

1852(Ⅰ)。昭和38年9月に急行格下げロングシート化。
所蔵：京阪電気鉄道

先頭の1808は、昭和37年8月に制御回路の100V化を実施して1900系との併結を可能とした。その後、昭和38年3月に急行格下げ・ロングシート化された。その当時の姿。その後昭和41年12月に濃淡グリーン化され、さらに昭和42年7月に3扉化された。四条　昭和40/1965年　奥野利夫

テレビが早期に撤去された1882に対し、1883は特急時代最後までテレビを装備していた。昭和38年2月に制御回路の100V化を実施し(1900系との併結を可能)、急行格下げ・ロングシート化されるが、その直前と思われる姿。その後昭和41年12月に濃淡グリーン化され、さらに昭和42年4月に中間車・3扉化され、1853に改番される。枚方市　奥野利夫

1804他急行。昭和38年に天満橋～淀屋橋が延長開業。地下線に入るところ。昭和40年8月に正面窓アルミサッシ化(ガラス強化)・屋根昇降段移設。京橋～天満橋　高田　寛

正面窓がアルミサッシ化された1804(昭和41年12月に濃淡グリーン化)。香里園～寝屋川市　北田正昭(所蔵：西野信一)

濃淡グリーンの1806+1753-1703+1809+1802-1801の6連。先頭の1806は昭和41年12月28日の塗り替え直後(昭和38年4月に急行格下げロングシート化)。裏鳩も付いていない。昭和42年7月に3扉化入場するので、2扉の1800型の濃淡グリーン時代はきわめて短い。後ろから2両目のTc1753は昭和41年12月24日に3扉化・中間車化。4両目は増結用1809で、1800型では最初に3扉化され、同時に濃淡グリーン化(昭和41年11月施工)。1801-1802は昭和41年12月に濃淡グリーン化。四条〜五条　昭和42/1967-1-3　高橋　弘

特急色→一般車色化と3扉化の開始

1806(特急色時代)臨時急行。
2両目は1810型編入1850型T
車1851(Ⅰ)と思われる。
香里園〜寝屋川市
北田正昭(所蔵：西野信一)

1805。昭和41年12月に濃淡グリーン化・昭和42年4月に3扉化される。香里園〜寝屋川市　北田正昭(所蔵：西野信一)

1881臨時急行。昭和41年12月に濃淡グリーン化、昭和42年4月に3扉・中間車化して1851(Ⅱ)に改番される。
寝屋川市〜香里園　北田正昭(所蔵：西野信一)

1801-1852(Ⅰ)-1802他上り急行。後部は3扉車である。1852(Ⅰ)は1810型編入車で、後の3扉電装時点でまだ特急色を維持していたので、特急色末期と思われる(1801は昭和41年12月に濃淡グリーン化・昭和41年6月3扉化と台車交換など)。香里園〜寝屋川市　北田正昭(所蔵：西野信一)

1801他1800型のみ5連の宇治線列車。1700型に続いて1800型も昭和41年から3扉化が開始された。2扉時代の末期から塗装は濃淡グリーン化されているが、車内は特急時代と変わらず、淡いピンク色を維持している(巻末カラー頁参照)。六地蔵　昭和45/1970年　中井良彦

1801。枚方市　昭和45/1970-9-19　直山明徳

1803他三条行急行。後部は1700型。枚方市　昭和45/1970-4-12　藤井克己

1807。後部は1700型。京橋〜野江　昭和46/1971-10-19　藤井克己

1881(Ⅱ)。車体が1800系より1m長い1810系編入車の3扉化では中央に片引戸を新設した。3扉化された1700・1800系のグループはM車が少なく、1900系ではやや過剰だったことから、1900系1985・1986を電装解除して、1851(Ⅰ)・1852(Ⅰ)を電装した。

昭和41年9月の改造時は1871に改番され、特急色であったが、12月には濃淡グリーンに変更、翌年10月に1881(Ⅱ)に改番されている。
昭和43/1968-10
所蔵：京阪電気鉄道

1802。寝屋川車庫 昭和43/1968-10 所蔵：京阪電気鉄道

1803。京都向きで台車KS-9。昭和42年3月に3扉化。更に幕板に非常知らせ灯を取り付け、同時に戸閉表示灯も埋め込み式に改造。
寝屋川車庫　昭和46/1971-8　所蔵：京阪電気鉄道

1803。寝屋川車庫　昭和46/1971-8　所蔵：京阪電気鉄道

1801。京都向き。昭和42年6月に3扉化し、台車KS-10に変更。土居　昭和45/1970-6-28　今井啓輔

1805。京都向きで台車KS-10。昭和42年4月に3扉化。土居　昭和45/1970-6-28　今井啓輔

1809。京都向き増結車で台車KS-10。昭和41年11月に3扉化・同時に濃淡グリーン化。寝屋川車庫　昭和46/1971-3-14　阿部一紀

1851(Ⅱ)。台車FS304。昭和42年3月に3扉化・中間車化。七条〜五条　昭和45/1970-5頃　奥野利夫

1852(Ⅱ)。台車FS304。昭和42年4月に3扉化・中間車化。中間車化当初、左右の窓は先頭車時代とは逆に旧車掌台側が1枚窓、旧運転席窓が2段窓となっている。寝屋川車庫　昭和46/1971-3-14　阿部一紀

1853。台車FS304。昭和42年5月に3扉化・中間車化。妻面にループアンテナ取り付け座が残る。土居　昭和45/1970-6-28　今井啓輔

1805他7連。後部2両は1700型。昭和44年以降、側面窓のアルミサッシ化を実施。京橋〜野江　昭和46/1971-10-19　藤井克己

1806。枚方市〜御殿山　昭和46/1971-10-10　藤井克己

1801他7連。後部4両は1700型。御殿山〜牧野　昭和56/1981-1-2　藤井克己

1804他5連。千林　昭和50/1975-1-25　直山明徳

1807他5連。西三荘　昭和55/1980-5-11　鹿島雅美

1809他7連。7連中、1880(Ⅱ)型を2両組成。千林　昭和53/1978-5-21　阿部一紀

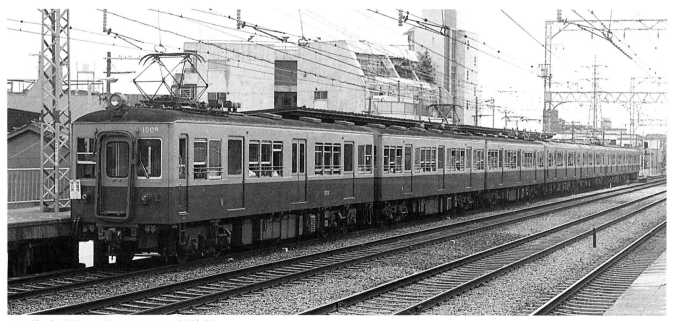

1809他7連。野江　昭和53/1978-7　髙間恒雄

後輩3000系特急車も鳩マークを受け継いでいる。1805。千林　昭和55/1980-11-24　阿部一紀

女学生専用車の1809。昭和46年8月のダイヤ改正までは女学生専用
列車だったものを、同改正では後部2両のみ専用と改めた。
香里園　昭和46/1971-10-4　藤井克己

1803。昭和55/1980-5-18　鹿島雅美

1809。中書島　昭和55/1980-5-3　鹿島雅美

1801。京都向きで台車KS-10。昭和46年5月側窓アルミサッシ化。
中書島　昭和53/1978-9-30　阿部一紀

1801。寝屋川車庫　昭和48/1973-10-18　直山明徳

1802。大阪向きで台車FS302。昭和46年5月側窓アルミサッシ化。寝屋川車庫　昭和48/1973-10-18　直山明徳

1802(廃車後)。寝屋川車庫　昭和59/1981-6-24　篠原　丞

1803。京都向きで台車KS-9。昭和46年11月側窓アルミサッシ化。
中書島　昭和52/1977-12-9　阿部一紀

1804。大阪向き増結車で台車FS304。昭和46年5月側窓アルミサッ
シ化。中書島　昭和52/1977-12-9　阿部一紀

1806。大阪向き増結車で台車KS-10。昭和46年頃側窓アルミサッシ
化。千林　昭和55/1980-11-24　阿部一紀

1807。京都向きで台車KS-10。昭和47年3月側窓アルミサッシ化。
中書島　昭和52/1977-12-9　阿部一紀

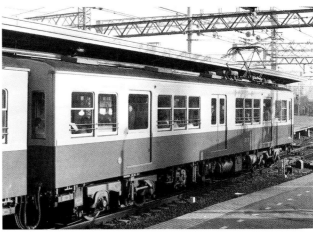

1807。中書島　昭和52/1977-12-9　阿部一紀

1808。大阪向き増結車で台車KS-10。昭和44年4月側窓アルミサッ
シ化。土居　昭和45/1970-6-28　今井啓輔

1808。中書島　昭和52/1977-12-9　阿部一紀

1809。京都向き増結車で台車KS-10。昭和46年5月側窓アルミサッシ化。1800型のパンタグラフは昭和50・51年にPT-4202Aに交換。
土居　昭和52/1977-12-9　阿部一紀

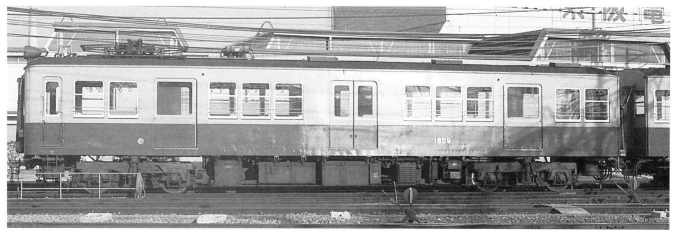

1809。寝屋川車庫　昭和48/1973-11-4　阿部一紀

1809。寝屋川車庫　昭和51/1976-7-30　直山明徳

1851(Ⅱ)。台車FS304。昭和46年11月側窓アルミサッシ化。
中書島　昭和52/1977-12-9　阿部一紀

1852(Ⅱ)。台車FS304。旧先頭部の妻窓は貫通口に引戸を設置時に、中間車改造当初とは逆に、左右の窓は旧車掌台側が2段窓、旧運転席窓が1枚窓と、先頭車時代に戻った形になる。昭和46年10月側窓アルミサッシ化。千林　昭和55/1980-11-24　阿部一紀

1853。台車FS304。昭和53/1978-9-30　阿部一紀

1853。1850型の屋根昇降段は旧運転室車掌台側に付く。これは昭和39年3月から各車系で位置の統一工事を実施したもので、川側の非運転台側に設けるのを基本とし、中間車および両運車では川側の大阪側妻部としたもので、この1850型も中間車なので、これに準じている(ただし同様に改造の1750型には例外的に取り付けていない)。昭和47年3月側窓アルミサッシ化。
中書島　昭和52/1977-12-9　阿部一紀

1881(Ⅱ)。台車FS310。連結面の貫通口は当初より狭幅。昭和44年8月側窓アルミサッシ化。野江　昭和46/1971-7-10　今井啓輔

1882(Ⅱ)。台車FS310。連結面の貫通口は当初の広幅から狭幅化されたので、両側の妻窓が狭い。昭和44年10月側窓アルミサッシ化。
昭和46/1971-3-14　阿部一紀

1882(Ⅱ)。寝屋川車庫　昭和48/1973-11-4　阿部一紀

1881(Ⅱ)。昭和52/1977-12-9　阿部一紀

1882(Ⅱ)。昭和52/1977-12-9　阿部一紀

1801車内。所蔵：京阪電気鉄道

1802車内。貫通口を狭幅化して片引戸を取付、左右の窓は狭いまま残る。所蔵：京阪電気鉄道

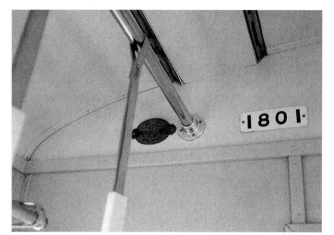

1801車内。所蔵：京阪電気鉄道

1802車内。所蔵：京阪電気鉄道

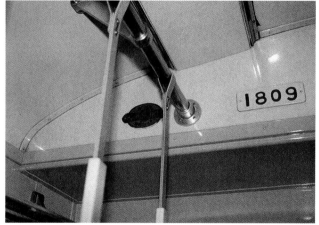

1809車内。増結車の連結側天井。所蔵：京阪電気鉄道

1802車内。非常灯部分。所蔵：京阪電気鉄道

1803車内。昭和56/1981-8-27　藤井克己

1803車内。製造時からロングシート車で貫通扉窓はHゴム支持。昭和56/1981-8-27　藤井克己

1852(Ⅱ)車内。所蔵：京阪電気鉄道

1805車内。所蔵：京阪電気鉄道

1882(Ⅱ)車内。特急車時代のテレビ設置部跡。貫通口を狭幅化して片引戸を取付、左右の窓は狭いまま残る。所蔵：京阪電気鉄道

1706-1808。両者は前照灯・標識灯・グラブハンドルの位置が異なる。昭和54/1979-8-19　髙間恒雄

1807の連結面。昭和54/1979-8-19　髙間恒雄

本頁写真　昭和55/1980年　所蔵：京阪電気鉄道

1807。昭和54/1979-8-19　髙間恒雄

1882(Ⅱ)。昭和56/1981-11-10　髙間恒雄

1800増結用偶数車の
屋根(機器取り外し状
態)。
昭和58/1983-3-22
髙間恒雄

1800増結用偶数車の
屋根(新1800系改造の
ためパンタグラフや
ヒューズ箱など機器
取り外し状態)。手前
は1700型。
昭和57/1982-3-27
高橋　修

1802。昭和56/1981-11-10　髙間恒雄

1802。所蔵：京阪電気鉄道

京阪1800の足跡

髙間恒雄

昭和28年、満を持して京阪の標準車として1800型と名付けられた新しい特急車がデビューした。車体は先の1700型2扉クロスシート車を踏襲するが、数々の新機軸を満載している。

吊掛け駆動の1700型は昭和26年4月に誕生したが、この直前に京阪電鉄の今田英作専務が鉄道事業の調査のため渡米されている。その渡米前に車両部から、新車(1700型)は将来の標準車として末広を願って「八」の1800型にしたいと提案したが、専務は「京阪の標準車なら僕がアメリカから帰ってからにして貰いたい。その意味で1800型の車番はそれまで残して置いて貰いたい」ということで、順番通りの1700型と名付けられた。

昭和27年6月に先の今田専務を始め、関西私鉄からアメリカ視察に行かれた数名に京阪の青木精太郎常務(のちに社長)が参加した電車改善五人委員会が設立、アメリカで活躍している比較的安価で騒音の少ない高性能な電車PCC車を研究するため、さらに主要会社の車両部長が主なメンバーを構成する全国私鉄電車改善連合委員会を設立して、全国的な問題その研究を推進することとなった(関西側の専門委員会の委員長は青木常務)。

このような経緯から京阪では研究を推進しながら、全国に向けて主導的立場に立ってその標準車の一例として、昭和28年7月に現れたのが、郊外用PCC車というべき軽量・高速・高性能の1800型試作車2両で、当時「日本版PCC電車」と謳われた。

また同じころ、競合路線と対抗のために電車にテレビを搭載する試験も実施されていて、昭和29年には1800型増備車で放映サービスを開始、人気を博した。「テレビカー」は京阪特急の代名詞となったのである。

このように1800型は京阪にとってエポックとなった車両である。さらに増備車では車体が1窓分長い1810型に発展し、当初は混ざって組成・運用されていた。のち1810型は大半が後続の特急車1900系に編入された一方、車体の短い1800型は1700型と共に一般車へ格下げられ、その後の運用は分かれ、さらに3扉化改造を受け、晩年は地味な運用となって、電車線電圧1500V昇圧時に機器類を600系(Ⅱ)改造改番の新1800系に譲って廃車となった。アメリカの車両技術を広範囲に採り入れた1800型の誕生から引退までを振り返ってみたい。

■試作車の概要

車体外観は窓および座席配置・塗装色を含めて扉間転換

1801-1802。守口車庫　所蔵：京阪電気鉄道

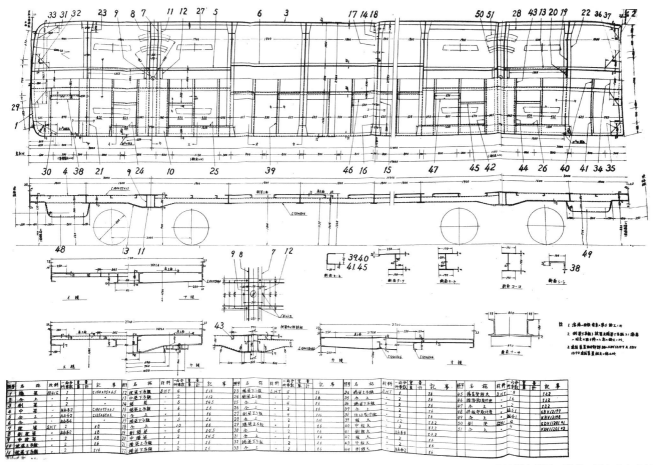

1800型台枠図。所蔵：国立公文書館

クロスシート2扉車の1700型を踏襲するが、前照灯がスマートな砲弾形となり、さらによく観察すれば軽量化のため窓下のウインドウシルが少し細く、車体台枠も薄く、標識灯が車体直付となり、ホロ座がなくなってボルトで止める方式となるなど、相違点がある。車体製造メーカーは2両とも川崎車輌。

1802車内。天井の広告吊りを廃止した。生地健三

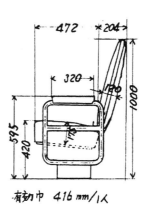

1800系のクロスシート。座席モケットはエンジ色でラテックス使用。

有効巾 416 mm/1人

屋根や内装も金属化された全金属製で、車体外板は普通鋼だが、骨組みは側バリ・端バリ・中ハリを除いたほかの部材すべてに高抗張力鋼を使用し、中ハリを分断し、マクラハリと横ハリは分断することなく、おのおの1本の強固なハリとなっている。また従来は木製であった根太は高抗張力鋼製小ハリに置き換えて車体横強度を分担させ、骨組みに肉抜き穴を開けて軽量化を図っている。電動車全体として約10tの軽量化を達成している(車体重量は1700型より3t以上の軽量化を達成)。1700型より台枠は薄くウインドウシルの幅は狭い。天井・内腰板は軽合金製、内幕板・柱キセは鋼板製。ただし、窓枠は木製(側窓は上窓上昇・下窓上昇、車掌側妻窓は上窓固定・下窓上昇)、床面も木製(5mmのリノリューム張り)であった。屋根は絶縁のため0.5t塩ビシート張りである。室内は木製ニス塗りの1700型から大きく変わって、淡いピンク色で天井はアイボリーホワイト(メラミン樹脂塗料の焼き付け塗装)。荷棚はパイプ式となり、ロングシート部の吊り手は設けられていない。

車内の照明は蛍光灯を採用し、20Wのものを1両あたり32本使用し、2本ならべた状態で長手方向のガラス製グローブに納めた状態で、天井に左右2列配置している。電源

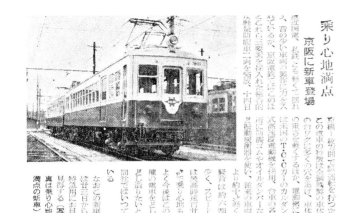

乗り心地満点
京阪に新車登場

最近国鉄、私鉄とも新しい車両の谷間にもぐる大の欠点は、音の少い車両、乗心地を第一に考え、座席に弱振動、雑音、うなどこの種の新車をよく見るが、乗心地がよく約六割少く、スピードも遅高評京阪電鉄の車両部では「今後はこの種の新車を一しとしたい」と語りはこの点で防音ゴムやオイルダンパーを各所に使い、従来の車両の

なおこの新車は廿三日から特急用に付き

写真は乗り心地満点の新車（写

1800型登場時の新聞記事

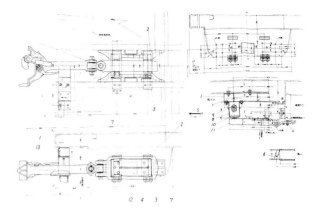

新日鋼式NB-Ⅱ型密着自動連結器図。所蔵：国立公文書館

1800形の連結器。昭和31/1956-9-14　奥野利夫

は蛍光灯に交流100Vを供給する3kVAのMG(回転数2400r.p.m・TDK351-A)を1802に搭載。CPはD-3-FRを1801に搭載。

放送装置はラジオ放送・テープレコーダーの放送も可能で、1802にラジオ用の増幅器とループアンテナ(妻面上部)を設けている。

連結器は1700型3次車で採用の新日鋼式NB-Ⅱ型密着自動連結器。この連結器同士では密着連結器となり、自動連結器とも連結ができるもの。

制御装置は2両とも電気ブレーキ付電動カム軸式総括制御方式で(ES555-A)、制御電圧はDC600V、弱界磁減流起動を行い、制御段数は直列7・並列6・弱界磁2の計15段。先の1700型では600Vの主電動機2個並列群を2群直並列制御して抵抗制御していたが、この1800型では300Vの主電動機2個を直列に接続した1群として、2群を制御する。

特徴は弱界磁制御を部分界磁法から分路界磁法に変更したことと(弱界磁制御に段数を設けることができ、1800型

では2段)、発電制動を常用制動として全界磁で使用したことである。主回路を力行と電制に切り替えるための制動転換器が設けられている。主抵抗器は鉄クロム帯を使用して軽量化して容量を増強。

従来の発電制動ではマスコンで操作して作用させたが、この1800型は1本のブレーキ弁に発電制動の接点も付属させて、発電制動・空気制動はこのブレーキ弁のみで操作するAMAD方式(電制作動器により空気ブレーキ力を電気信号として制御装置に送る)。自動ブレーキのAMA式に発電

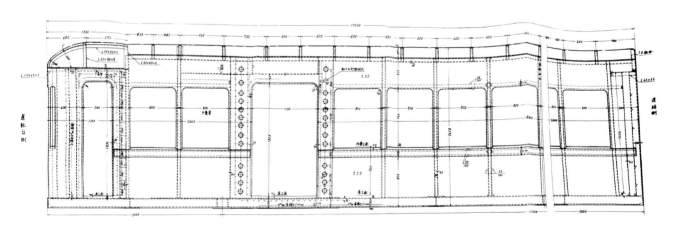

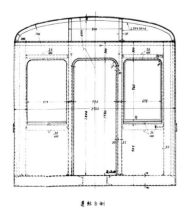

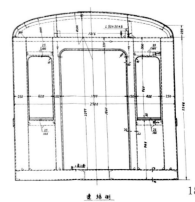

1800型鋼体図。所蔵：国立公文書館

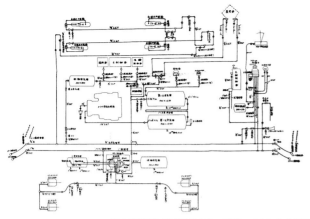

1800型空気配管(1801)。所蔵：国立公文書館

1800型空気配管(1802)。所蔵：国立公文書館

制動を連動させるので、1700型と混結運用ができる(その場合1800型の発電制動は使用しない)。手ブレーキは前寄台車の2軸のみに作用する。パンタグラフは東洋電機製C4-31形で2両とも取付。

　台車はバネ下荷重の軽減を図って軽量な主電動機・一体圧延車輪を使用している。1801は東洋電機の中空軸平行カルダン(TDカルダン)、1802は三菱電機のWN駆動(先に営団地下鉄でも採用)の試験車である。

　1801が使用するKS-6Aは汽車会社製である。先の1700型の同社製台車で軸距を当初計画していた2000mmの予定が、釣掛式主電動機の外形寸法から2150mmとなった経緯がある。それから数年の技術の進歩で、東洋電機の中空軸カルダン主電動機では小型化されたので、これを装架するKS-6Aは軸距を2000mmとした(しかし同じ頃、現在の民

営鉄道協会で私鉄電車の規格の標準化が進められ、台車の標準軸距は2100mmに取り決めたので、これ以降の台車はこの寸法が基準の寸法となった)。

　1700型のKS-3製造時点ではなかった鉄道車両用オイルダンパが開発された。昭和26年3月にはKS-3とほぼ同型の阪急向けKS-1台車の枕ばねをコイルばね+板ばねの組み合わせから、オイルダンパを設けてすべてコイルばねの台車に改造し、関係者を招いた試乗会を実施して、その効果が実証された。

　本格的に日本初のオイルダンパ付き全コイルばね台車で新製されたのが昭和28年製造の1800型用のKS-6A台車で、また日本初の平行軸カルダン台車で全溶接台車の糸口を開いた台車でもあった。それまでも部分的に溶接を採用した台車は存在したが、おそらくKS-6Aは台車枠全体を

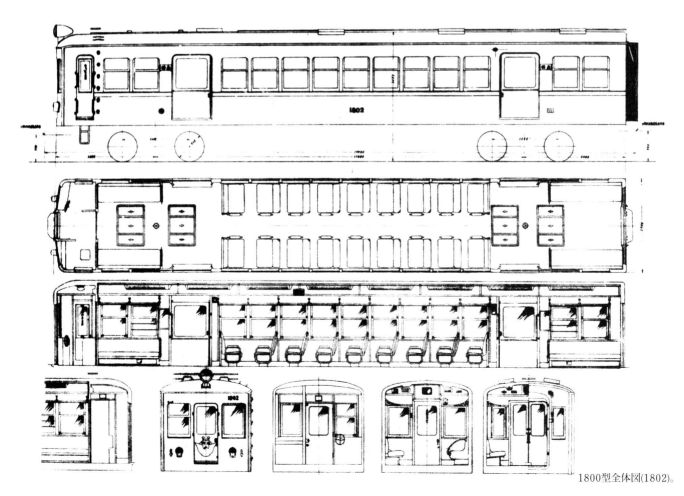

1800型全体図(1802)。

一体の溶接としたものとした最初と思われる。鋳鋼台車と比べて大幅な重量軽減が実現した(台車総重量は1700型用KS-3が6276kg、KS-6Aが4956kg)。この台車は最初であったので、部材が多くて溶接箇所が多くて生産性に欠けるところがあったことから、これ以降は主材を形鋼やプレス加工で製造した大型のものにして溶接箇所を減らす工夫がなされるようになった。1800型増備車で試用のKS-9はそのような手法で製造されている。なお軸ばね形式はタコボーズ形・コイルばねである。

1700型用KS-3では上揺れ枕を湾曲させて低くした心皿だったが、KS-6A台車ははじめての全溶接構造を採用したために難しい形状を避けて、心皿の高さは車軸中心よりだいぶ高くなり、これにあわせてボルスタアンカ取付位置も高い位置とした。ところが走行試験を開始すると高架区間での高速走行ではあまり問題がなかったのが、地上区間の100km/hぐらいとなるとピッチングを起こして振動がひどくなって、解決を迫られることとなった。小修正では効果が出ず、結局ボルスタアンカ取付位置を車軸中心より300mmから175mmに低下させることになり、もとのボルスタアンカ受けに継ぎ足す形で変更すると、その振動がうそのように収まった。この結果、台車枠のピッチングの中心が車軸中心高さ付近にあって、ボルスタアンカの取り付け高さはこれに近いほうが良いということが判明し、これ以降の台車の乗り心地改善に役立ったという。

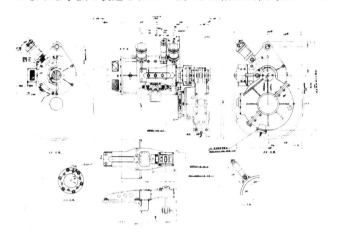

KB101A中空軸平行カルダン動力装置(1801)。

KS-6A。所蔵：京阪電気鉄道

KS-6A。製造時はボルスタアンカ位置が高い。所蔵：京阪電気鉄道

KS-6A。振動を抑えるためボルスタアンカ位置を低く改造。
昭和36/1961-3　奥野利夫

KS-6A。所蔵：京阪電気鉄道

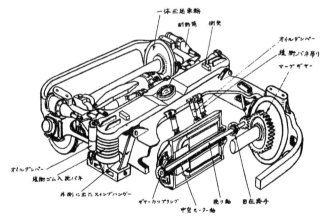

KS-6A台車。主電動機は下部はピン、上部はオイルダンパー＋バネを介してマウント(社内報 京阪 昭和28年7月より)

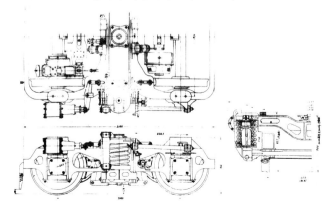

KS-6A台車図。

KS-6Aの駆動装置は前述のように東洋電機製の試作中空軸平行カルダンでゴム継手を使用し、主電動機は75kWのTDK808/2B、歯車比82：16(5.12)。当時の同社の広告にはTDカルダン式動力伝達装置という名称で、この台車の写真とともに以下の宣伝分が書かれている。

「1. 高速度電動機を車軸と平行に配置し、その一端は台車中梁に、他はバネとオイルダンパーを介して台車端梁に支持される。従って従来の車軸吊掛式電動機使用の台車にも僅少な改造で取り付け可能である。

2. 動力は中空電動機軸を貫通する捩り軸の一端に歯車及ゴム接手を介して伝えられ、捩り軸の他端は自在接手を経て減速歯車装置に連結され車軸を駆動する。電動機に加わる衝撃は減少し、振動騒音は著しく軽減される。」

住友金属製FS302は三菱電機製WN駆動の台車で同社とのタイアップで開発。主電動機は75kWのMB-3005A、歯車比76：21(3.62)。1801のKS-6Aと同じく軸距2000mmで片押ブレーキ・端ハリなしの小ぶりな台車である。高張力鋼製のH形一体鋳鋼台車枠で、ボルスタアンカ付き(こちらもやや高い位置に取付)。オールコイルばね台車で枕バネの内側にオイルダンパが収められ、ブレーキシリンダは単動形台車枠の横ハリ内部に収まる形で、外部からは見えないという試作用で1両のみの特異な台車である。従来、東洋電機と関係が深い京阪としては珍しく他メーカーの電気

製品を採用しているのは、複数メーカーの台車の場合と同様に、新技術の競作による発展を期待してのことと思われる。

完成した1801-1802は昭和28年7月23日から営業に入った。当初は朝は三条7時40分発、夕方は天満橋6時20分発の列車に1709編成を京都側に併結した4連で運用された。

■量産車の増備

試作2両の実用試験結果から、各種改良を反映させた2次車(量産車)が昭和29年4月に10両製造された。量産車は2連はMc-Tc編成3本と、増結用として大阪向きと京都向きの増結用Mc4両が製造。また全10両のうち、7両はクロスシートだが、3両は急行車としてロングシートとした(ロングシート車でも天井に吊り手は設備されていない)。増結車の非運転台側妻面は組成時の外観を整えるために丸妻となっている。増備車10両のみで7種を数えることとなった。

このように多彩な車種が生まれることとなった背景には従来奇数の3連を組成するために暫定的に1300型を増結していたものを1800型で置き換える目的と、新車のなかった特急以外、すなわち特急の停車しない途中駅の利用客のサービス向上を新車に盛り込んだ結果といえる。

いろいろな車種が生まれたその内訳の数字的な根拠は謎だが、1300型特急指定車(ロングシート)は大阪向き2両と

FS302(1802)。昭和36/1961-3　奥野利夫

FS302。所蔵：京阪電気鉄道

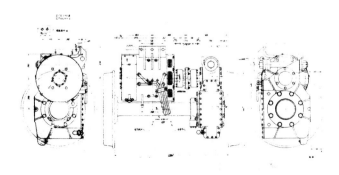
MB3005-A主電動機図(1802)

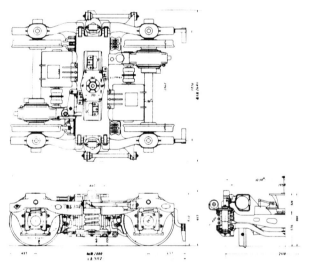
FS302台車図。

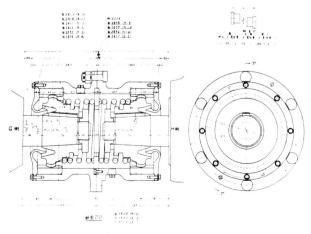
カップリング組立(1802)

1800系の分類

1801　京都向き(ユニット)　クロスシート　KS-6
1802　大阪向き(ユニット)　クロスシート　FS302
1803　京都向き(ユニット)　ロングシート　KS-9
1804　大阪向き(増結)　ロングシート　FS304
1805・1807　京都向き(ユニット)　クロスシート　KS-10
1806・1808　大阪向き(増結)　クロスシート　KS-10
1809　京都向き(増結)　クロスシート　KS-10
1881　大阪向き(ユニット)　ロングシート　FS304
1882・1883　大阪向き(ユニット)　クロスシート　FS304

1800系登場時基本編成表　作成：西野信一

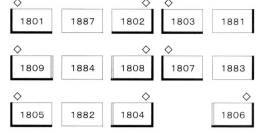

◇		◇	◇	
1801	1887	1802	1803	1881

◇		◇		◇
1809	1884	1808	1807	1883

◇		◇		◇
1805	1882	1804		1806

■ 丸妻車　　左が京都側　組み合わせは変更の場合あり。
1801-1802・1803-1881・1805-1882・
1807-1883は固定編成

京都向き1両が使用されていたところ、1800型の増結車は大阪向き3両と京都向き1両が製造されている。また1800型増備では1300型と同数の3両がロングシートとなっているあたりが、運輸側の要望として1800型の仕様設定の根拠となっていたのかもしれない。当時想定していた組成はM-T+M(急行・特急)・M+M-T+M(特急)や2連、さらに試作車・1700型との併結で多種の組成を可能として、M+M-T+Mの組成から増結を解放してすぐ3連ができるなど、運用上便利になるように考えた結果という。しかし実際に運用されると逆に自由度が失われる形となっていた。

　車体構造は試作車同様に高張力鋼を適切に使用して軽量化を図っている。若干の変更があり、塗装の剥がれを防止するために、車内では内張り・扉の腰板・出入口柱・腰掛の袖部に室内色と同じ塩ビシートを貼り付け、窓枠は狂いの少ないチーク材を使用した。蛍光灯は試作車では一つのグローブに20W2本を収めていたのを、40W1個に変更。車体製造メーカーは1800型Mcは川崎車輌、1880型Tcはナニワ工機。

　また量産車とはいえ、開発途上の駆動装置や台車は試作的要素を盛り込まれている。またTc車が加わった事から

1804+1806+1882+1805。量産車の運転開始直後。
天満橋　昭和29/1954-4-4　山本定佑

歯車比を大きくし、台車もシングルブレーキからクラスプブレーキに変更している。

　1803に使用のKS-9はスリ板方式軸箱守台車の改善を目的として、スイスなどで広く採用されていたシンドラー方式と呼ばれる円筒式軸箱守を参考に、汽車会社による独自方式で開発したもので、円筒式軸箱守の日本最初の台車である。スリ板方式では軸箱とスリ板の間が磨耗して隙間ができることから軸の蛇行を起こしやすく、高速走行の点でも保守の点でも改善が望まれていた。軸ばねの内部に台車

1807-1883。昭和33/1958年　所蔵：京阪電気鉄道

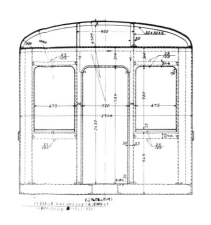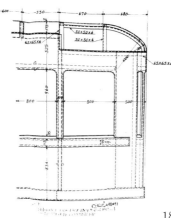

1800型増結車連結側鋼体図。所蔵：国立公文書館

枠に圧入されたピストン部と軸箱に取り付けたシリンダ部が組み込まれていて、お互いの隙間がわずかなので、前後の車軸が平行に保たれることから軸蛇行も前後動も起こりにくい構造となっている。円筒式軸箱守は油浸式でダンパのように上下振動を減衰する役目も持っている。また軸バネは四角い断面のバネが特徴である。駆動装置は東洋電機製の中空軸平行カルダンでたわみ板継手(ディスクカップリング)が開発されて試験採用したもの。軸距は昭和29年に制定された標準台車仕様書にのっとり2100mmに変更し、1両分のみ製造。

1805〜1809に使用のKS-10は1700形KS-3・KS-5などと同タイプの軸ばね形式のウイング形(鞍形)・コイルばねで、軸箱守はスリ板式。軸距は標準軸距の2100mm。昭和29年に電動車用KS-10A(5両分・1805〜1809)と付随車用KS-10B(1両分)を製造しているが、KS-10Bは当初は使用した車両はなく、予備台車だったと思われる(のち1801の台車がKS-10に振替えられるが、これを一部改造して転用したと思われる)。1805〜1809の駆動装置は1801同様の東洋電機製の中空軸平行カルダン(ギヤカップリングでゴム継手使用)、主電動機は75kWのTDK808/3C、歯車比78：13(6.0)。

なおKS-10という名前は住友製台車にもKS-10という名

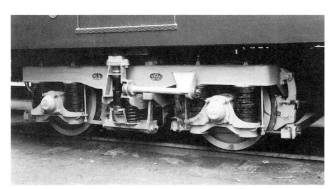

KS-9A(1803)。最初のシンドラー台車。所蔵：京阪電気鉄道

KS-9A。所蔵：京阪電気鉄道

KS-9A(1803)。軸バネは角線である。所蔵：京阪電気鉄道

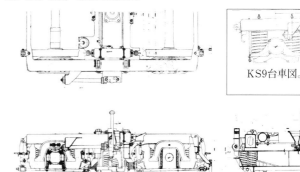

KS9台車図。

KS-10台車図。KS9台車も軸バネ部以外はKS10と同一。

KS-10A(1808)。昭和29/1954-4-21 奥野利夫

KS-10B。所蔵：京阪電気鉄道

89

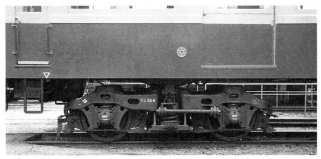

FS304。昭和29/1954-4-19　所蔵：京阪電気鉄道

FS304(1881)。昭和29/1954-4-21　奥野利夫

FS304。所蔵：京阪電気鉄道

FS304。所蔵：京阪電気鉄道

1808の車内。試作の2両とは蛍光灯の本数なども変更されている。
所蔵：レイルロード

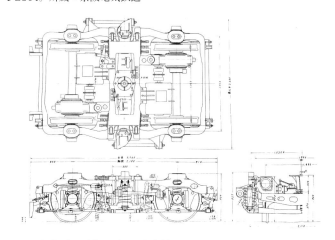

FS304台車図。所蔵：国立公文書館

称の台車があるが、もちろん別物である。

　1804のFS304台車はFS302の量産形。三菱電機製WN駆動。主電動機は75kWのMB-3005B、歯車比79：18(4.39)。ばね剛性の異なるT台車も製造され、M車1両分(製番H-2238①)とTcクロスシート車用(製番H-2238②)2両分とTcロングシート車用(製番H-2238③)2両分がある。T台車がある関係から両抱きブレーキとなり、軸距は標準化規格にのっとり2100mmとなった。台車枠は端はり付きの一体鋳鋼製で阪急1000形用FS303とはほぼ同じ形状だが、ボルスタアンカの取り付け高さをFS304は低い位置として車軸中心線に近づけている。ブレーキシリンダはFS302と同様の台車枠内蔵形だがシリンダが複動形に変更され、2本が背中合わせの1本となった形でおのおのが左右のブレーキレバーを作動させる。

　なおFS番号の300番台は平行カルダン方式の台車につけられた番号区分である。

　制御装置はES-555-B。CPは1803・1805・1807にD-3-FR、1804・1806・1808・1809にDH-25を取付。MGは1800型全車に3kVA(回転数3600r.p.mに変更したTDK352-A)を取付。

　ブレーキ装置はM-T運転の時以外は常用ブレーキに電気・空気両ブレーキを併用する(Tcから電気制動がかけられなかった)。また量産車では歯車比を大きくした関係から電気ブレーキ時に発生する電圧に制約を受けて、高速における電気ブレーキ力が不足するので、速度80km/h以上では電気・空気両ブレーキが同時に作動、速度が低下すると一旦電気ブレーキのみとなり、さらに速度18km/h以下となると電気ブレーキ力が減衰するので、空気ブレーキが再び付加される。1本のブレーキハンドルの操作で、電気・空気ブレーキを自動的に作用させるのは試作車の時と変わりない。

　手ブレーキは試作車では前寄台車の2軸に作用したが、1軸のみに作用するように変更。

　試作車と同様に、放送はラジオ放送・テープレコーダーの放送も可能で、1804・1806・1808・1809・1881～1883にラジオ用の増幅器と、1881～1883にループアンテナ(妻面上部)を設けている。すでに実験を始めていたテレビ放送に備えて、その取り付けスペースも準備した設計となっている。

　また昭和29年12月5日に超短波無線電話局が免許され、

天満橋・枚方市・三條・浜大津に無線電話局を開設、
1800型量産車10両にも無線装置が設けられた。

■テレビカー誕生
　1800型というと長らく京阪特急の代名詞であったテレビカーの始祖でもある。
　最初にテレビ放送予備免許を取得したのは日本テレビであった。しかしアメリカ製の送信機器の到着の遅れによって、最初にテレビ放送を開始したのは、昭和28年2月からNHKであった。もちろん白黒テレビである。この時点でのNHKの受信契約数は全国で900件足らずだったそうで、サラリーマンの手取り6000〜15000円という時代に受信機が20万円程度と高価で、庶民のものではなかった。日本テレビは積極的に街頭テレビを設置し、とくに野球やプロレスといったスポーツ中継には黒山の人だかりができた時代であった。
　戦後に特急運転を開始した京阪では、旅客誘致策の目玉として電車でのテレビ放送受信の実験を、昭和28年秋から1802を使用して開始した。1800型の量産車は昭和29年4月から順次営業に入ったが、4月8日の試運転で1806に積み込んだテレビでマスコミにデモンストレーションした。
　昭和29年7月、1882・1883にシャープ製のテレビを取り付け、10日より幕板部に蛍光塗料で「テレビカー」の文字を入れて昼間と夕方にテレビ放送を開始した。しかし映像の映りが良くなかったので、8月にはTVアンテナ回転装置を取り付け乗務員室からアンテナの向きを生駒山に向けることができるようにするなど、試行錯誤ののち、昭和29年9月3日からテレビカーの運転が本格的に開始されている。
　「鉄道ファン」607号の藤井信夫氏がまとめられたテレビカーの記事に、京阪で実務を経験された中村靖徳氏の当時

交通博物館に展示された模型。昭和43/1968-8。所蔵：京阪電気鉄道

の取り扱いが紹介されている。要約すると、
　当時の特急列車担当の車掌はテレビカー組み込みの特急ではアンテナを回転するための操作盤「セルシン」のダイヤルの確認や、テレビ周辺の車内灯の消灯確認や、カーテンを降ろす作業を行った。
　この「セルシン」は可搬式で(小型であるが重い)、特急運用の列車を担当する車掌が、セルシンを携行して最後部の車掌室にコードを差込口に差し込んでセットしていた。ダイヤルのメモリは数区間に分けられていて、ハンドルを回転すると針が移動して、屋根上のアンテナがテレビ放送電波を発信していた生駒山上へ向くように回転する(京阪線では約180度の変化が要求される。列車の進行やカーブによる方向の変化に伴い、最適な受信状況を保つためにセルシンのハンドルを回して次の区間に合わせる作業を行った。車掌は通常の扉扱いや旅客案内にこの作業が加わっていた。昭和31年3月から5連運転が開始され、4月から1700型特急指定車10両と1880型11両の各運転室または車掌室

1882「テレビカー」。四條〜五條　昭和30/1956-4-4　高橋 弘

テレビカ放映中(1883)。所蔵：京阪電気鉄道

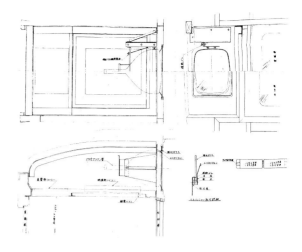

17インチのテレビジョン取付図。所蔵：国立公文書館

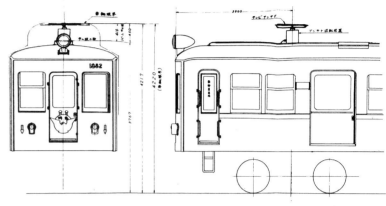

テレビアンテナ取付図
(1882・1883)。
所蔵：国立公文書館

1800型テレビカー
試運転時の新聞記事
昭和29年4月、量産車落成時にテスト段階のテレビを報道陣に公開したもので1806の車内の机にテレビを置いて説明している。

テレビつき通勤電車
防音・防震のニュー・スタイル
京阪で試運転も好成績

騒音や震動に悩まされずすこ……走る車内でテレビが見られるという日本で初めての新型電車の試運転が八日朝十時から京阪寝屋天満橋—京都三条間で行われた。新型電車は……

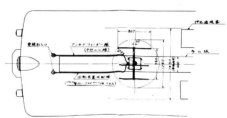

1807-1883の屋根(手前は1815)。昭和35/1960-10-4　沖中忠順

にセルシンの差込口が設置されたので、可搬式のセルシンを移動さえしたらどこからでもアンテナ調整ができるようになった。同時にテレビ付近の蛍光灯を消灯できるような切放スイッチも設けられた。

　途中、どうしても山腹が迫っている橋本～淀間では受信状態が悪い区間があり、この区間では車掌がわざわざテレビ付近に赴いて、一礼・脱帽して映りが悪いことを挨拶したということである。なお1882は昭和33年12月にテレビを撤去、1810型新製車1891に移設。

　最初にテレビカーとなった1882・1883はブラウン

管17インチで家庭用と大きな差はないもの。アンテナは1基を回転して調整する方式であったが、1810型2次車ではテレビ受像機は21インチになり、さらに1900系では23インチテレビでアンテナは2基として切り替えるダイバーシティ方式となり、さらに昭和46年の3000系では20型カラーテレビを採用、その後、現在も活躍する8000系では21インチを採用し、地上区間ではBSアンテナからの受信とし、平成18年には地上区間で地上デジタル放送に対応し、液晶32インチテレビへと発展したが、携帯電話の普及など、時代の変化により平成25年にテレビカーは消滅している。なお電車へのテレビ設置は京成電鉄が京阪よりわずかに早い昭和29年春に実施している。

■試作車の改造

昭和28年7月に新製された試作車だが、量産車が翌年4月に製造され、試作車は一部改造を受けている。

昭和29年9月(1年検査時)、1801・1802の蛍光灯を20W32本から40W18本に変更し、制御回路を一部変更、1801に電制用抵抗器を設置。昭和31年5月に1801・1802の窓枠を交換(チーク材)。

昭和32年7月には1801と1802の中間に1810型T車の貫通口を広幅として新製した1887を挟むこととなって、Mcに電源供給工事を実施。妻面を除き1810型の車体を持つが、ずっと1800型の編成に組成されることになる。

■1800型の変遷

車体支持を心皿で行わずに側受式として、心皿は回転軸としてのみ作用する方式が一般化され始めたので、昭和30年8月〜10月、試験的にFS304台車(1804・1881〜1883)を改造した。結果は騒音が著しく減って動揺も改善されたので、次の1810系でこの方式を採用した。

1808は昭和32年8月に発生した事故で破損し、川崎車輌に搬出して修理を受け、11月に復帰。

昭和31年2・3月に5連改造と、先述のとおりTVアンテナ遠隔制御化(セルシンのコンセント取り付け)を実施。実質的に特急に多く使用されていたロングシート車3両は1810型登場後は基本的に急行以下の運用となった。

昭和33年10月〜12月、電気制動改良工事。従来は

補助椅子は移動して使用する乗客もあった。所蔵：京阪電気鉄道

1700・1800・1810型はTcから電気制動がかけられなかったものを、制動操作統一のため、Tcの制動弁を電気接点付きのものに取り替え、電気制動表示灯を設けた(ただし結局ブレーキの扱いが難しかったのか、昭和34年時点では電気制動は使用していないという記録がある)。

昭和34年11月に1810型3次車(いずれも空気ばね台車)が製造され、うちT車1892は空気ばね台車化された1811-1812の間の1884(金属ばね台車のまま)と差し替え、1884は1809-1884-1808の基本編成を組むようになった。

昭和34年9月から翌年2月に妻車番に切抜文字を取付。

昭和35年9月〜36年3月、地下線乗り入れ対策工事(第一次)、扇風機取り付け準備、ノーベルフォン取付準備、アルカリ蓄電池取付準備、車内放送回路配線替えの他、一部は側窓に保護棒を取り付け。

昭和36年9月〜11月、地下線乗り入れ対策工事(第二次)。側窓の保護棒をのこり全車に取り付け(1800型には昭和35年3月〜37年7月に完了)。

新特急車1900系の登場に際し昭和37年8月〜12月、特急車改造工事を実施し、制御・補助回路を1900系との連結のため100V化。1810型改造1900系は昭和38年2月15日から発電ブレーキの使用を開始し、1900系は新旧の連結でいずれの車両からも発電ブレーキを使用できるが、1900系と1800型連結の場合、1800型から1900系の発電ブレーキはかかるが1800型の発電ブレーキは動作しない。

■急行用に格下げ

しかし特急車改造の完了直後、1700型に続き、昭和37年12月から翌年9月に急行用に格下げ、クロスシートのロングシート化、吊り手の取付を実施。同時に屋根をイボ付きビニールに張替え、通風器の取り付け絶縁工事を実施。

昭和38年には新製の1900系が登場、空気ばね台車装備の1810型は改造改番されて1900系に編入される。この時、金属バネ台車(FS310)のままであった1884は同年5月、1887は同年9月に18m級車体ながら急行用に格下げられ、クロスシートのロングシート化、吊り手の取り付けを実施し、1800型へ編入、1851(I)・1852(I)に改番されている。これより前の昭和38年2月に1884・1887はテレビを撤去し、幕板のテレビカー標記は消されている。1884(→1851)は狭幅貫通口で、格下げ前はおなじ狭幅貫通口の1800型増結車に挟まれて使用されていた。1887(→1852)はもとから1801-1802の中間用で広幅貫通

1804(ロングシート車)。片町　所蔵：レイルロード

口であったのは先に記した通りである。格下げ時は1700系の間に挟まり、Mc-T-Tcに1800型増結車を加えた4連で使用されている(1708-1852-1758+1806)。

昭和39年～40年、電磁吐出弁を新設し、側面乗務員扉付近に設けられていた屋根昇降段を妻面に移設、連結栓保護箱取り付け、車両標記替。

野江～天満橋間高架複々線化に伴う勾配区間の増大に伴う牽引力強化工事が(部内で「大京橋対策」と呼ばれた)、500型～1900(旧1810)型の一部形式の主電動機・主抵抗器の改良工事が実施された。昭和40年7月～昭和41年12月に量産車のうち東洋電機製機器の主電動機を改良して出力を増強、駆動装置のたわみ板継手化を実施し、TDK808/3CをTDK808/6Cに交換(90kW/300V・歯車比は78:13のまま)。なお三菱電機機器の1804の主電動機・駆動装置は改造していない。また1804を含めて主抵抗器の容量増大改造を実施。この改造と同時に屋根昇降足掛を妻面に移設、連結栓保護箱取り付け、車両表記替、前面窓ガラスの強化とアルミサッシ化を実施。

■編入T車の電装

3扉化された1700・1800型のグループはM車が少なく、増強のため、M車の多かった1900系から1985・1986を電装解除し、発生した電装品を転用して1810型編入のT車1851(Ⅰ)・1852(Ⅰ)の2両を昭和41年9・10月に電動車化して、同時に3扉化して1870型(1871・1872)に改番。増設された扉は扉間の窓数が他の1800型より1窓多いことから、片引戸である。テレビカーであった旧1884→1851(Ⅰ)→1871は同時にテレビと操作室を撤去。旧1887→1852(Ⅰ)→1872は貫通口を狭幅化(片引戸取り付け)。主電動機はMB-3005D(75kW/300V・歯車比80:17)、主制御器ES569B、パンタグラフはPT42G。改造当初の短期間は特急色のままであった。

この1870型はいわば仮番号で、制御車・付随車を50番台、中間電動車を80番台とする基準ができたので、この方針に沿って改番するところ、この時点で制御車の1880(Ⅰ)型がまだ1850(Ⅱ)型に改番していなかったので、一旦70番台へ逃し、1年後の昭和42年10月に再改番して1880型

1881(Ⅱ)・1882(Ⅱ)となった。

1800型Mc・Tcは主電動機の改良と前後して、昭和41年11～12月に外部塗装を濃淡グリーン化。1870型も昭和41年12月～翌年1月に濃淡グリーン化。

■3扉化改造

1800型にとって最も大きな変化が3扉化改造である。1900系登場後も1700・1800型は特急に運用されることがあったが、昭和39年に2200系が登場したことから、臨時特急は同系が使用されることになったので、17m級車体が主体の1700型と1800型はこれ以降、一般車運用に専念することになったため、1900系とは分離される形となる。

3扉化では1700型と同様、中央に1300mm幅の両開き式扉が増設された(新設の扉はステンレス製)。前後の片引戸と違う形状となった理由は、窓配置の関係でもあった。各出入口上部に跳ね上げ式の吊り手を新設、屋根にはポリエステル加工を実施。Mcの主抵抗器を取替、発電ブレーキも連動接点を3点から6点に、密着自動連結器をNB-ⅡからNCB-Ⅱ型に変更(強度を高め、操作を容易な構造の下作用式で連結器下に解放テコがある)。昭和41年11月に1809が改造、残りは昭和42年3月～9月に改造。同時にATS装置を新設し(1809のみ3扉化改造後)、Tcは運転台を撤去して中間車に改造し、1881～1883は1851～1853に改番された(昭和42年5月10日付)。

試作車は3扉化時(昭和42年6月)に旧1887→1872と同様に貫通口を狭幅化(片引戸取付)、野江～天満橋間高架複々線化に伴う勾配対策で機器類も変更、1801(東洋製機器)ではTDK808/1BをTDK808/6Fに交換(歯車比は量産車と同じ78:13に変更)、1802(三菱電機機器)は台車ごと変更し、KS-6Aから予備台車のKS-10・MB-3005D・たわみ板継手化(歯車比は80:17に変更)。主抵抗器の容量増大改造も実施。この背景には車体更新が計画されていた旧1000型一族の1505が昭和41年8月に起きた事故で損傷したので、700系更新のトップとして昭和42年11月に751に更新したが、台車が損傷していたことから、予備台車KS-10を活用して1801に入れ、発生したKS-6Aを751に使用したもの。

結局1800型の2扉での濃淡グリーン時代は極めて短いこ

1700・1800系　昭和42年1月1日の編成表　作成：西野信一

1702 - 1752		1707 - 1757		1708 - 1758	
1704 - 1754		1706 - 1756		1709 - 1759	
1801	1802	1809	1703 - 1753		1806
1805	1882	1803	1881	1804	1808
1807	1883	1871(1884)	1872(1887)	1705 - 1755	
1701 - 1751					

1700型は工事中の1701-1751以外3扉化済　1809・1871・1872は3扉化済

3扉化工事中

5扉車5000系と並ぶ1803(3扉化)。三条　昭和52/1977年　髙間恒雄

1700・1800系　3扉化後編成表　作成：西野信一

昭和45年11月、昭和46年8月15分ヘッド　基本編成

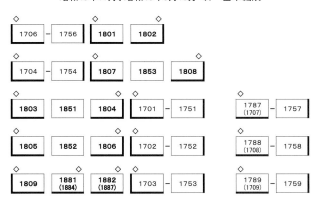

昭和48年12月　基本編成

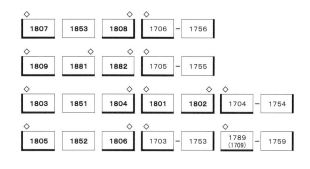

昭和47年4月　基本編成

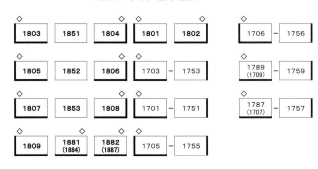

昭和52年2月　基本編成

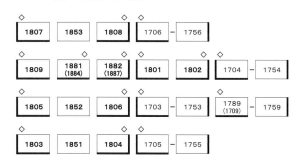

ととなった(一番早く3扉化された1809のみ、改造と同時に濃淡グリーン化)。車内は3扉となってからも内壁は薄いピンク色で天井はクリーム色、座席はエンジ色で、特急車時代の雰囲気を継承していた。

昭和44～45年には列車選別装置・戸閉保安装置・応荷重装置を新設、車側に非常知らせ灯を新設し、戸閉知らせ灯も埋め込み型に交換、車掌室に縦仕切を新設、同時に扇風機回路をAC100V化した。主回路の全配線を交換引替し、屋根にヒューズ箱(多素子)を移設した。

昭和44年～47年に側窓のアルミ窓枠化を実施、同じころに内部のニス塗りも全剥離して再塗装している。

昭和47年には火災防護対策および母線引き通し新設。母線ヒューズ箱を新設し、補助ヒューズ箱を取替(屋根のヒューズ箱が2個となる)。床下を全面金属化(キーストンプレート)し、運転室横仕切に引戸を新設した。

昭和47年に直通予備ブレーキを新設し、手ブレーキは撤去した。同じ頃に先頭側の貫通口の桟板・連結側の広幅幌

を改造。

昭和48年には列車無線装置を新設、屋根にアンテナを設けた。昭和50～51年に1800型のパンタグラフをPT-4202Aに振り替えている。

昭和58年に電車線電圧の1500V昇圧が実施されることとなり、1800型の処遇が検討された。車体がのちの標準となった18m車より短い17m車であり、また経年もあって、その機器を18m車で吊掛け駆動であった600系(Ⅱ)の車体と組み合わせて高性能化する形で、新1800系14両として昇圧後もしばらく使用することとなった(車籍は600系を継承)。その改造工事に入るために、旧1800型は昭和56・57年に運用を離脱し、あっけなく、静かに姿を消した。なお1804・1808の旧車体は事業用車101・111製造に活用されている。その後新1800系は平成元年まで活躍した。

晩年は編成を組んでいた1700型とともに地味な活躍であったが、日本の私鉄高性能電車の草分けであり、後世に語り継がれるべき車両であろう。

新1800系。
野江
昭和59/1984-3-26
阿部一紀

1800型車両形式図
（1801・1802・1805・1807）

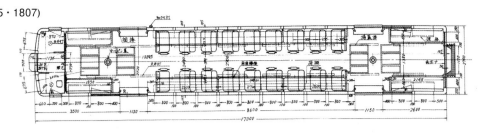

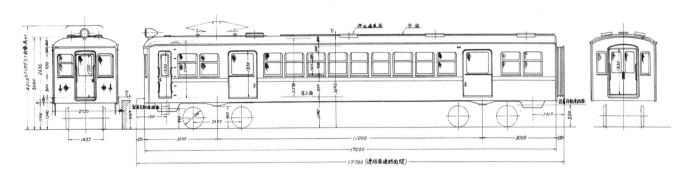

1800型車両形式図
（1806・1808・1809）

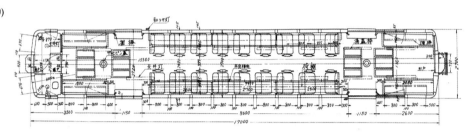

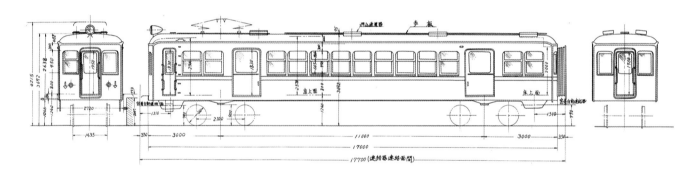

1800型車両形式図
（1803）

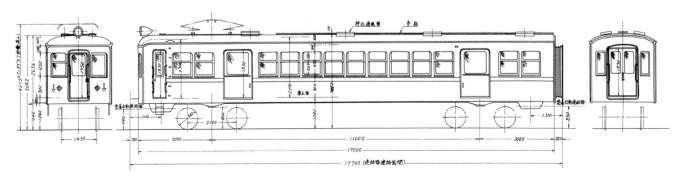

1800型車両形式図
(1804)

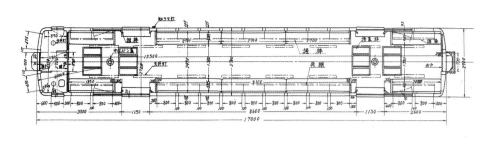

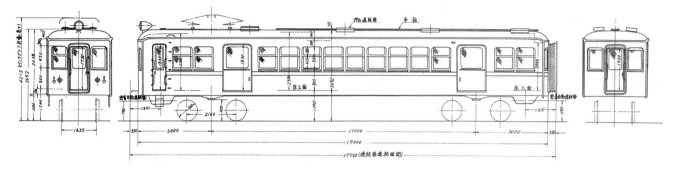

1880型車両形式図
(1882・1883)

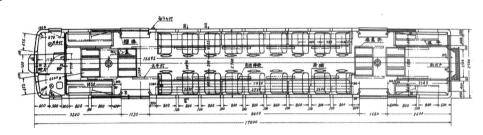

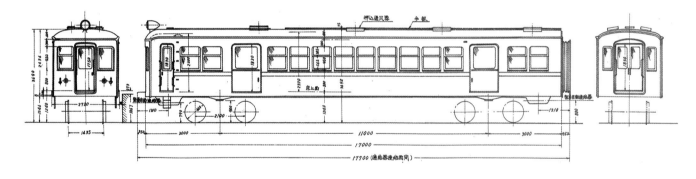

1880型車両形式図
(1887)

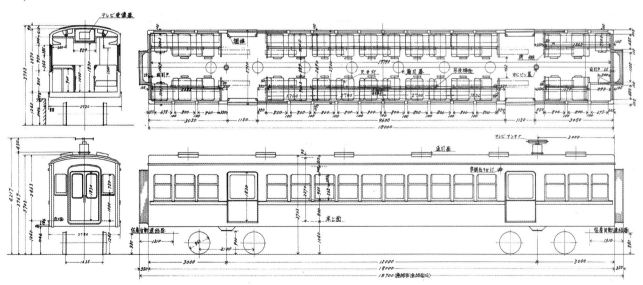

元図に1850(Ⅰ)型ロングシート化後を加筆。

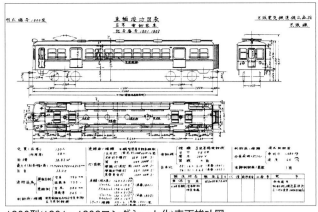

1800型(1801・1802ロングシート化)車両竣功図

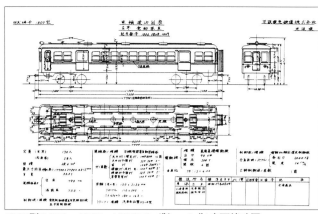

1800型(1806・1808・1809ロングシート化)車両竣功図

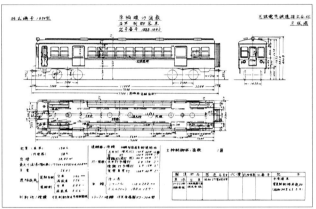

1880型(1882・1883ロングシート化)車両竣功図

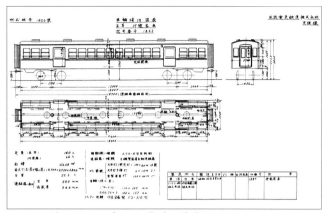

1850(Ⅰ)型(1852ロングシート化)車両竣功図

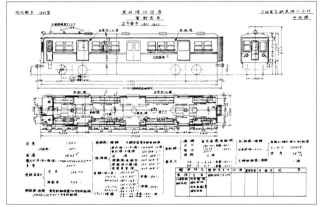

1800型(1801・1802　3扉化)車両竣功図

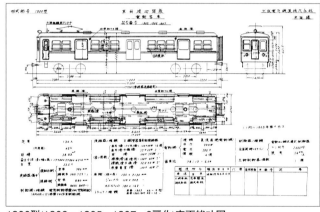

1800型(1803・1805・1807　3扉化)車両竣功図

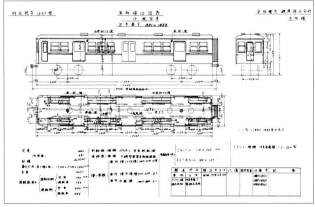

1850(Ⅱ)型(1851〜1853　3扉中間車化)車両竣功図

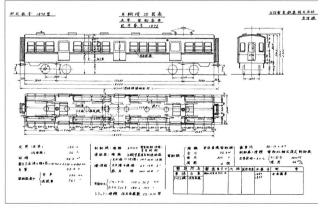

1870型(1872　3扉中間電動車化・のち1882Ⅱ)車両竣功図

1800型セミステンレス車体提案図-1(汽車会社東京製作所)　所蔵：髙田　寛

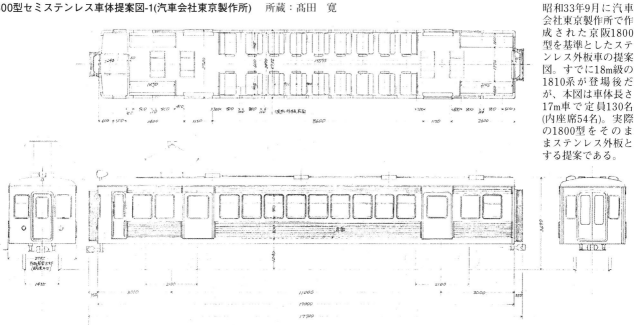

昭和33年9月に汽車会社東京製作所で作成された京阪1800型を基準としたステンレス外板車の提案図。すでに18m級の1810系が登場後だが、本図は車体長さ17m車で定員130名(内座席54名)。実際の1800型をそのままステンレス外板とする提案である。

1800型セミステンレス車体提案図-2(汽車会社東京製作所)　所蔵：髙田　寛

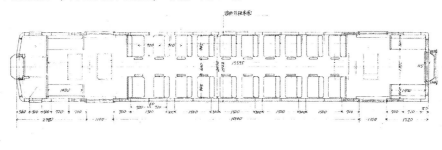

本図は車体長さ17m車で定員130名(内座席52名)。クロスシートをより多く配置して扉位置を車端に寄せて、かつ両開き扉とし、正面は曲面ガラスとしたもの。

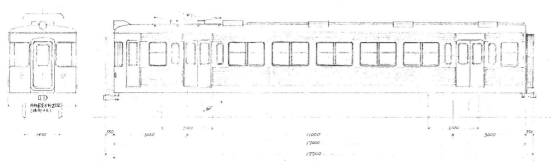

1810型セミステンレス車体提案図(汽車会社東京製作所)　所蔵：髙田　寛

上2点から10日後ぐらいに作成された本図は車体長さ18m車で定員130名(内座席52名)。実際の1810系を基準にステンレス外板とする提案であるが、側窓は2個組となっている。

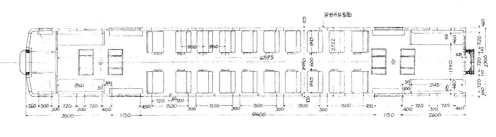

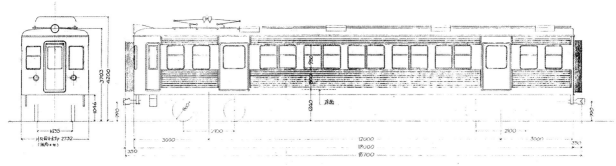

車番	車種	製造所	最大長 連結面間(mm)	幅(mm)	高さ(mm)	定員 定員	座席定員	自重(ton)	パンタグラフ	電動発電機	制御方式	主電動機 (kW×個数)	制動装置	空気圧縮機	台車	駆動装置 ギヤ比	座席配置
1801	Mc	川崎車輛	17,700	2,720	4,215	130	54	33.0	C4-31		電動カム軸式 TDK ES555A	75kW×4 TDK808/2B 電気制御付き	AMAD	D-3-FR 990㍑	KS6A	TDK808/2B　KB103 82:16　5.12	扉間クロスシート
1802	Mc	川崎車輛	17,700	2,720	4,215	130	54	33.0	C4-31	TDK351-A 5.2KW 540V7.8KW AC100 15A	電動カム軸式 TDK ES555A	75kW×4 MB3005-A 電気制御付き	AMAD	DH-25 710㍑	FS302 WNドライブ	MB3005A　WNドライブ 76:21　3.62	扉間クロスシート
1803	Mc	川崎車輛	17,700	2,720	4,215	130	58	33.0	C4-31	TDK352-A 5.2KW 540V8.1KW AC100 15A	電動カム軸式 TDK ES555A	75kW×4 TDK808/2B 電気制御付き	AMAD	D-3-FR 990㍑	KS9 S29.6.24一部改造	TDK808/3C　KB103 78：13　6.0	ロングシート
1804	Mc	川崎車輛	17,700	2,720	4,215	130	58	33.0	C4-31	TDK352-A 5.2KW 540V8.1KW AC100 15A	電動カム軸式 TDK ES555A	75kW×4 MB3005-A 電気制御付き	AMAD	DH-25 710㍑	FS304 WNドライブ	MB3005A　WNドライブ 76:21　3.62	ロングシート 連結面丸妻
1805	Mc	川崎車輛	17,700	2,720	4,215	130	54	33.0	C4-31	TDK352-A 5.2KW 540V8.1KW AC100 15A	電動カム軸式 TDK ES555A	75kW×4 TDK808/2B 電気制御付き	AMAD	D-3-FR 990㍑	KS10 S29.6.30一部改造	TDK808/3C　KB103 78：13　6.0	扉間クロスシート
1806	Mc	川崎車輛	17,700	2,720	4,215	130	54	33.0	C4-31	TDK352-A 5.2KW 540V8.1KW AC100 15A	電動カム軸式 TDK ES555A	75kW×4 TDK808/2B 電気制御付き	AMAD	DH-25 710㍑	KS10 S29.7.23 一部改造 (1808号車と相互振替)	TDK808/3C　KB103 78：13　6.0	扉間クロスシート 連結面丸妻
1807	Mc	川崎車輛	17,700	2,720	4,215	130	54	33.0	C4-31	TDK352-A 5.2KW 540V8.1KW AC100 15A	電動カム軸式 TDK ES555A	75kW×4 TDK808/2B 電気制御付き	AMAD	D-3-FR 990㍑	KS10 S29.7.1一部改造	TDK808/3C　KB103 78：13　6.0	扉間クロスシート
1808	Mc	川崎車輛	17,700	2,720	4,215	130	54	33.0	C4-31	TDK352-A 5.2KW 540V8.1KW AC100 15A	電動カム軸式 TDK ES555A	75kW×4 TDK808/2B 電気制御付き	AMAD	DH-25 710㍑	KS10 S29.7.17 一部改造 (1806号車と相互振替)	TDK808/3C　KB103 78：13　6.0	扉間クロスシート 連結面丸妻
1809	Mc	川崎車輛	17,700	2,720	4,215	130	54	33.0	C4-31	TDK352-A 5.2KW 540V8.1KW AC100 15A	電動カム軸式 TDK ES555A	75kW×4 TDK808/2B 電気制御付き	AMAD	DH-25 710㍑	KS10 S29.7.12一部改造	TDK808/3C　KB103 78：13　6.0	扉間クロスシート 連結面丸妻
1881	Tc	ナニワ工機	17,700	2,720	4,008	130	58	26.0					ACAR		FS304		ロングシート
1882	Tc	ナニワ工機	17,700	2,720	4,008	130	54	26.0					ACAR		FS304		扉間クロスシート
1883	Tc	ナニワ工機	17,700	2,720	4,008	130	54	26.0					ACAR		FS304		扉間クロスシート
1884	T	ナニワ工機	18,700	2,720	4,217	140	62	26.5		TDK352-A 5.2KW 540V8.1KW AC100 15A			ATAR		FS310		オールクロスシート
1887	T	ナニワ工機	18,700	2,720	4,217	140	59	27.5		TDK352-A 5.2KW 540V8.1KW AC100 15A			ATAR		FS310		オールクロスシート

車番	扇風機取付配線工事	地下線乗入れ2次対策	窓保護棒取付	特急用100V化改造工事 1900系と連結のため	急行格下げ	クロスシート→ ロングシート改造	座席定員 変更	主電動機改造 ギヤ比変更	ガラス強化 (前面窓枠アルミ化)	塗色変更 (グリーンツートン)	車種変更	3扉工事	最大長 連結面間(mm)	幅(mm)	高さ(mm)	定員	3扉化座席
1801	S35.9.7	S36.9.30	S37.7.8	S37.10.25	S38.5.18	S38.5.18	58	S42.6.29 TDK808/1B→TDK808/6F 82/16→78/13	S40.5.29	S41.12.19		S42.6.29	17,700	2,720	4,215	130	42
1802	S35.9.7	S36.9.30	S37.7.8	S37.10.25	S38.5.18	S38.5.18	58	S42.6.29 MB3005/A→MB3005/D 76/21→80/17	S40.5.29	S41.12.19		S42.6.29	17,700	2,720	4,215	130	42
1803	S35.11.22		S35.11.22		S37.12.22		58	S41.1.18 TDK808/3C→TDK808/6F 78/13→変更無し	S40.12.18	S41.12.26		S42.3.9	17,700	2,720	4,215	130	42
1804	S36.1.31	S36.10.7	S36.1.31	S37.8.4	S38..3.6		58	S42.6.29 MB3005B 78/17	S40.8.24	S41.12.22		S42.9.21	17,700	2,720	4,215	130	42
1805	S36.2.21	S36.9.28	S36.2.21	S37.11.10	S38.5.4	S38.5.4	58	S41.6.15 TDK808/3C→TDK808/6F 78/13→変更無し	S40.11.24	S41.12.26		S42.4.4	17,700	2,720	4,215	130	42
1806	S35.12.20	S36.10.9	S35.12.20	S37.10.19	S38.4.20	S38.4.20	58	S41.9.8 TDK808/3C→TDK808/6F 78/13→変更無し	S40.3.19	S41.12.28		S42.8.28	17,700	2,720	4,215	130	42
1807	S36.3.3	S36.11.20	S36.3.3		S38.2.4	S38.2.4	58	S41.12.1 TDK808/3C→TDK808/6F 78/13→変更無し	S41.3.19	S41.12.1		S42.5.10	17,700	2,720	4,215	130	42
1808	S36.1.20	S36.9.21	S36.1.20	S37.8.22	S38.3.19	S38.3.19	58	S41.4.18 TDK808/3C→TDK808/6F 78/13→変更無し	S41.4.18	S41.12.22		S42.7.26	17,700	2,720	4,215	130	42
1809	S35.10.20	S36.10.21	S35.10.20	S37.12.4	S38.3.19	S38.5.30	58	S40.7.9 TDK808/3C→TDK808/6F 78/13→変更無し	S40.7.9	S41.11.22		S41.11.22	17,700	2,720	4,215	130	42
1881	S35.11.22	S36.9.29	S35.11.22		S37.12.22		58		S40.12.18	S41.12.26	S42.3.9 Tc→T	S42.3.9	17,700	2,720	4,000	140	42
1882	S36.2.21	S36.9.28	S36.2.21		S38.5.4	S38.5.4	58		S40.11.24	S41.12.26	S42.4.4 Tc→T	S42.4.4	17,700	2,720	4,000	140	42
1883	S36.3.3	S36.11.20	S36.3.3	S36.3.3 TVスピーカー増設	S38.2.4	S38.2.4	58		S41.3.19	S41.12.1	S42.5.10 Tc→T	S42.5.10	17,700	2,720	4,000	140	42
1884	S35.10.31 TVスピーカー新設	S36.9.21	S35.10.31	S37.11.2 S38.2.13 TV撤去	S38.5.30	S38.5.30	58		S39.12.21	S41.12.8	S41.9.3 T→M	S41.9.3	17,700	2,720	4,000	130	46
1887	S35.10.10 TVスピーカー8個新設 扇風機1台増設	S36.9.9	S35.10.10		S38.9.18	S38.9.18	58		S41.10.20	S41.12.8	S41.10.20 T→M	S41.10.20		2,720	4,000	130	46

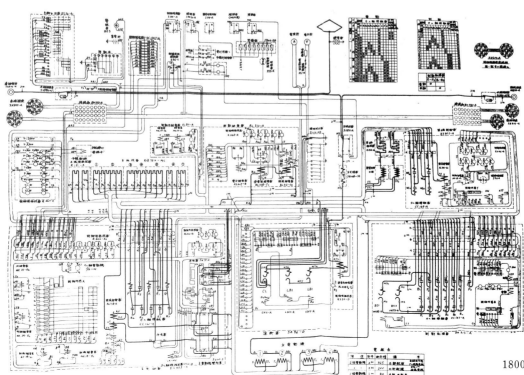

1800型(試作)主制御回路結線図。
所蔵：国立公文書館

設計認可並びに特別許可(車窓保護棒廃止)	竣工日	使用開始	電制用抵抗器設置	車内灯 20W×32 ↓ 40W×18	設計変更認可 S29.11.18 鉄監916 TV装置設置(ナショナル)	TVアンテナ回転装置設置	ホロ取付	特急用5連改造工事 TVアンテナ 遠隔制御	台車振替	電気制動改造工事	事故復旧工事	TV装置撤去	妻車番文字板取付	地下線乗入れ対策窓保護棒取付
S28.7.10 鉄監692	S28.7.22	S28.7.23	S29.12	S29.9.1				S31.2.21		S33.11.21	S33.12.27 門真市下手オート3輪と接触		S34.9.15	S35.9.7
S28.7.10 鉄監692	S28.7.22	S28.7.23		S29.9.1			No.2 S30.5	S31.2.21		S33.11.21			S34.9.15	S35.9.7
S29.3.30 鉄監237	S29.4.2	S29.4.3						S31.3.12		S33.10.29			S35.2.6	S35.11.22
S29.3.30 鉄監237	S29.4.2	S29.4.3						S31.3.28		S33.12.24			S35.2.4	S36.1.31
S29.3.30 鉄監237	S29.4.2	S29.4.3						S31.2.28		S33.12.11			S34.11.25	S36.2.21
S29.3.30 鉄監237	S29.4.7	S29.4.8						S30.3.17		S33.10.29				S35.12.20
S29.3.30 鉄監237	S29.4.12	S29.4.13					No.1 S31.3.6	S31.3.5		S33.11.29			S35.1.13	S36.3.3
S29.3.30 鉄監237	S29.4.21	S29.4.22					No.2 S29.12.23	S31.3.11		S33.12.22	S32.11.30 御殿山駅貨物自動車と衝突 大阪妻運転台側大破 S32.9.9川重搬出　搬入S32.10.18		S35.3.29	S36.1.20
S29.3.30 鉄監237	S29.4.28	S29.4.29					S30.6.7	S31.3.11		S33.10.17			S34.11.2	S35.10.20
S29.3.30 鉄監237	S29.4.2	S29.4.3						S31.3.12		S33.10.25			S35.2.6	S35.11.22
S29.3.30 鉄監237	S29.4.3	S29.4.4			S29.7.10(シャープ)	S29.8.26		S31.2.28		S33.12.11		S33.12.11	S34.11.25	S36.2.21
S29.3.30 鉄監237	S29.4.13	S29.4.13			S29.7.10(シャープ)	S29.8.26		S31.3.5		S33.11.29			S35.1.13	S36.3.3
S31.3.30 鉄監279	S31.4.7	S31.4.8			S31.4.7				S32.4.13 アルストムリンク取替			S38.2.13		S35.10.31
S33.12.1 鉄監1278	S32.8.22	S32.8.22			S32.8.22									S35.10.10

自重(ton)	制動装置	台車振替	車番変更	ATS設置	車両標記替	列車選別装置 戸閉保安装置 設置	応荷重新設	窓枠アルミ化	火災防護	予備ブレーキ新設	列車無線新設	広告枠アルミ化	パンタ取替 C43/C → PT4202A改	廃車	備　考
33.0	AMAR-LD	S42.6.29 KS6→KS10		S42.6.29	S43.5.25	S45.2.24	S45.2.24	S46.5.10	S47.4.12	S47.6.30	S48.10.16	S48.11.9	S51.11.4	S57.3.11	台車・制御器:新1800系に転用
33.0	AMAR-LD			S42.6.29	S43.5.25	S45.2.24	S45.2.24	S46.5.10	S47.4.12	S47.6.30	S48.10.16	S48.11.9	S51.11.4	S57.3.11	制御器:新1802に転用 MM・駆動装置:新1881に転用
33.0	AMAR-LD			S42.3.9		S44.10.13	S44.10.13	S46.11.2	S47.2.15	S47.6.30	S48.10.16	S49.8.2	S51.7.20	S56.3.31	台車、制御器:新1803に転用
33.0	AMAR-LD			S42.9.21	S43.8.31	S44.9.12	S44.9.12	S46.5.26	S47.2.15	S47.6.30	S48.10.16	S49.8.2	S51.7.20	S56.3.31	制御器:新1804に転用 駆動装置:新1883に転用 車体・貨車101に流用
33.0	AMAR-LD			S42.4.4		S44.11.13	S44.11.13	S46.10.15	S47.5.12	S47.6.8	S48.9.28	S50.1.30	S51.8.19	S57.3.11	台車、制御器:新1805に転用
33.0	AMAR-LD			S42.8.28	S43.4.24	S45.3.28	S45.3.28		S47.5.12	S47.6.8	S48.9.28	S50.1.23	S51.8.19	S57.3.11	台車、制御器:新1884に転用
33.0	AMAR-LD			S42.5.10	S41.3.19	S45.1.20	S45.1.20	S47.3.24	S47.3.24	S47.6.23	S48.10.30		S50.11.5	S56.3.31	台車、制御器:新1885に転用
33.0	AMAR-LD			S42.7.26	S41.4.18	S44.12.15	S44.12.15	S44.4.16	S47.3.24	S47.6.23	S48.10.30		S50.11.5	S56.3.31	台車、制御器:新1806に転用 車体、貨車111に流用
33.0	AMAR-LD			S41.11.22	S43.6.22	S45.3.28	S45.3.28	S42656	S47.1.14	S47.7.7	S48.11.2	S50.4.4	S51.12.28	S57.3.11	台車、制御器:新1882に転用
26.0	ATAR-L	S42.5.10 1881→1851		S42.3.9		戸閉保安のみ S44.10.13	S44.10.13	S46.11.2	S47.2.15	S47.6.30		S49.8.2		S56.3.31	台車、貨車151に流用
26.0	ATAR-L	S42.5.10 1882→1852		S42.4.4		戸閉保安のみ S44.11.13	S44.11.13	S46.10.15	S47.5.12	S47.6.8		S50.1.23		S57.3.11	台車、貨車111に流用
26.0	ATAR-L	S42.5.10 1883→1853		S42.5.10	S41.3.19	戸閉保安のみ S45.1.20	S45.1.20	S47.3.24	S47.3.24	S47.6.23				S56.3.31	
26.0	ATAR-L	S38.5.30 1884→1851 S41.10.20 1851→1871 S42.10.2 1871→1881		S42.1.30		戸閉保安のみ S44.12.15	S44.12.15	S44.8.26	S47.1.14	S47.7.7		S50.4.4		S56.3.31	台車:新1804に転用 制御器:新1883に転用
26.0	ATAR-L	S38.9.18 1887→1852 S41.10.20 1852→1872 S42.10.2 1872→1882		S42.1.31	S41.10.20	戸閉保安のみ S44.9.12	S44.9.12	S44.10.31	S47.1.14	S47.7.7		S50.4.4		S57.3.11	台車:新1802に転用 制御器:新1881に転用

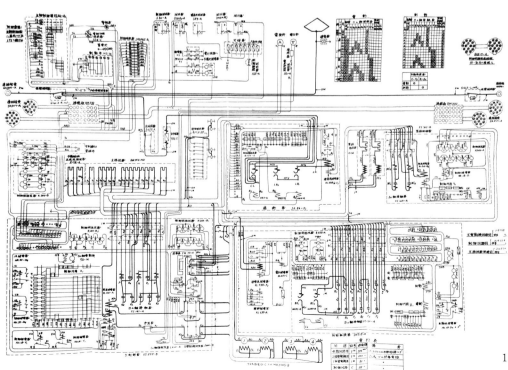

1800型(量産)主制御回路結線図。
所蔵：国立公文書館

1700・1800型の部材を利用した事業用車両

101。大阪向きの事業用制御電動車。新1800系に機器を提供した1800型大阪向き増結用1804の車体を利用して寝屋川工場で製造。救援車としての役目を持ち、脱線復旧用資材を積んでいる。積載荷重は11t。大阪側地下線での救援時を想定し、正面には大きな扉を設け、車体側面中央には2000mm幅の扉を設置し、この横に1トンの旋回起重機を取付。天井にはほぼ全長にわたって0.5トンのチェンブロックのクレーン走行用のレールを取り付け(走行は人力による)。側面および妻面の窓は塞いで明かり取り用の小窓をHゴム支持で設置。制御機器取付側の前寄りの出入口は夏場にはスノコ状のものを取り付けるが、冬場は扉と交換する。台車KS-5・主電動機TDK554AMは旧1703のもの(1500V用に絶縁強化するなど大改造)。制御装置は旧2000系のES752Bを大改造したES752改。主電動機は4個永久直列。MGはTDK356/2-C(新1800・1900系と同じ)。ブレーキ装置はHSCで1900系とは連結可能。昭和58年12月に竣功し、平成13年12月廃車。寝屋川車庫　平成5/1993-7-26

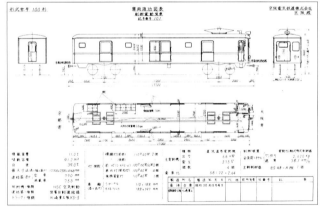

100形(101)車両竣功図

101。寝屋川車庫　平成元/1989-3-15

101。前照灯は1900系(旧1810型)からの取外品を取付。
寝屋川車庫　平成5/1993-7-26

正面の扉を開
いた状態。
平成元/
1989-3-15

平成元/1989-3-15

101。制御機器取付側の前寄りの出入口は冬場の扉の状態。
寝屋川車庫　平成元/1989-3-15

平成5/1993-7-26

平成5/1993-7-26

151。旧1800型とは台車のみの繋がりであるが、一緒に紹介する。
京都向きの事業用制御車で、車体は昇圧時に廃車となった1311を利
用して寝屋川工場で製造。重量物運搬用に後部はフラットとして、
17tの積載荷重に耐えるように台枠を魚腹形に改造している。積載物
落下防止用に鉄パイプ22本が差し込めるようになっている。101と組
んで常時2連で使用され、パンタグラフのスリ板保護を目的に母線を
引き通してTcの本車にもパンタグラフを設けている。月に2回程度の
夜間、荷台部にバキュームカーを載せ、大阪側地下線の汚水槽の清
掃作業に使用している。台車はFS304(旧1851)。昭和58年12月に竣
功し、平成13年12月廃車。寝屋川車庫　平成5/1993-7-26

151。前照灯は1900系(旧1810型)からの取外品を取付。
寝屋川車庫　平成5/1993-7-26

平成元/1989-3-15

車内・運転室。平成元/1989-3-15

平成元/1989-3-15

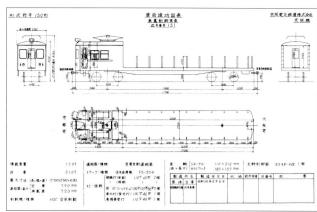

150形(151)車両竣功図

平成元/1989-3-15

151。寝屋川車庫　平成元/1989-3-15

魚腹台枠に改造されている。平成5/1993-7-26

平成5/1993-7-26

111。両運転台式の事業用制御車で、新1800系に機器を提供した1800型大阪向き増結用1808の車体を利用して寝屋川工場で製造。救援車としての役目を持ち、脱線復旧用資材を積んでいる。積載荷重は11t。淀車庫に常駐し、京都側地下線での救援時を想定し、新たに運転台を取り付けた京都側正面には大きな扉を設け、車体側面中央には2000mm幅の扉を設置。ブレーキ装置はHSCで、旅客電車と連結して使用するが、1900系と2200・2400・2600系では引き通し回路電圧が異なるので、切り替えスイッチを持っている。車体塗装は一般車と同じ濃い緑に黄色の帯を巻く。昭和58年12月に竣功し、平成13年12月廃車。淀車庫　平成9/1997-2-28

淀車庫　平成5/1993-7-26

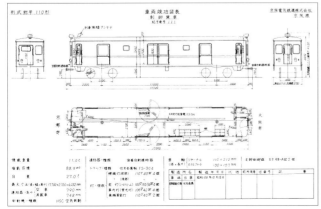

110形(111)車両竣功図

111(2600系と連結)。淀車庫　平成5/1993-7-26